高 等 学 校 规 划 教 材

工业药剂学实验指导

Experimental Guidance for Industrial Pharmacy

金 青 主编

郑 科 黄 山 副主编

化学工业出版社

·北京·

《工业药剂学实验指导》为高等学校药学专业课程工业药剂学的配套实验教材，内容涵盖工业药剂学中药物制剂的处方设计、制备工艺、质量控制及临床应用等。本书分为工业药剂学实验基础知识、工业药剂学基础实验、工业药剂学设备操作中试实验三部分，同时附有实验操作典型案例图片及参考文献。本书是参考多年学生实验内容所写，对典型案例进行了工业生产模拟创新，内容翔实可靠，具有工科特色。

　　《工业药剂学实验指导》可供高等学校药学、药物制剂、制药工程专业的学生使用。也可供药物制剂生产、科研和管理人员参考。

图书在版编目（CIP）数据

工业药剂学实验指导/金青主编. —北京：化学工业出版社，2019.11
高等学校规划教材
ISBN 978-7-122-35191-3

Ⅰ.①工⋯　Ⅱ.①金⋯　Ⅲ.①制药工业-药剂学-实验-高等学校-教材　Ⅳ.①TQ460.1-33

中国版本图书馆 CIP 数据核字（2019）第 205395 号

责任编辑：马泽林　徐雅妮　　　　　　装帧设计：关　飞
责任校对：边　涛

出版发行：化学工业出版社（北京市东城区青年湖南街 13 号　邮政编码 100011）
印　　刷：北京京华铭诚工贸有限公司
装　　订：三河市振勇印装有限公司
787mm×1092mm　1/16　印张 6¼　彩插 1　字数 95 千字　2019 年 12 月北京第 1 版第 1 次印刷

购书咨询：010-64518888　　　　　　售后服务：010-64518899
网　　址：http://www.cip.com.cn
凡购买本书，如有缺损质量问题，本社销售中心负责调换。

定　　价：25.00 元

前　言

目前，我国医药行业发展迅猛，医药企业的年经济效益增长速度已高于国家整体的经济增长速度，加之 2018 年《普通高等学校本科专业类教学质量国家标准》的发布，这些变化对我国药学专业的高等教育提出了新的要求，药学教育需要与医药行业紧密接轨。工业药剂学是药学、药物制剂、制药工程等专业的必修课程，涵盖药剂学中药物制剂的处方设计、制备工艺、质量控制及临床应用等内容，在学生学习药学工业生产方法和技能的基本训练方面占有重要比例。药剂的工业化生产跟实验教学紧密结合是学好工业药剂学课程的关键，通过工业药剂学实验课程的学习，能够使学生巩固和提高理论教学的效果及动手、掌握机械化生产操作的能力，为今后到工作岗位能顺利胜任其所从事的工作奠定基础。

《工业药剂学实验指导》为工业药剂学课程配套实验教材。全书共分为三章，第一章为工业药剂学实验基础知识，包括实验室规则、实验报告要求及实验室安全；第二章为工业药剂学基础实验内容，包含基础药剂实验及部分工业化生产内容，需 48 学时；第三章为工业药剂学设备操作中试实验，需 32 学时，第三章的内容也可作为药物制剂、制药工程等专业实习实训的参考内容。部分实验结果和实验设备可参见插页。本实验教学内容已在青岛科技大学药剂学专业学生中使用 15 届，更新三次，经本次梳理编写，希望打造成一本具有工科特色的药学实验教学指导用书。

《工业药剂学实验指导》总体思路如下。

（1）加强工业药剂学与实际生产结合的基本操作，使学生掌握规范化的实验操作。

（2）使学生掌握各种工业化制剂剂型的典型制备工艺，熟悉各种剂型的处方设计方法、常用辅料等方面的内容。

（3）通过实验巩固学生课堂上学到的理论知识。

（4）新技术与新剂型的实验安排可使学生熟悉和了解药剂学的发展前沿。

（5）综合性开放实验（设备操作中试实验）可使学生从自主设计处方、工艺制备到质量检测的综合性实验技能中得到锻炼。

本书由青岛科技大学金青主编，郑科、黄山副主编。本书在编写过程中，得到青岛华仁药业股份有限公司高级工程师孙怡、王波，青岛科技大学工业药剂学教研室玄光善、赵文英、金宏、汝绍刚等老师及药剂学专业研究生郑洋、毛月东的帮助，他们都提供了宝贵的实验经验与修改意见，在此表示感谢。

限于编者的水平有限及时间仓促，本书疏漏之处在所难免，敬请读者批评指正。

编者

2019 年 6 月

目　录

第一章
工业药剂学实验基础知识

第一节　实验室规则

工业药剂学实验包含基本的实验室实验与工业化生产中试实验，为保证实验的正常进行和培养良好的实验作风，学生务必遵守以下实验室规则。

（1）进实验室前必须穿戴好工作服，带写好的实验预习报告，值日生分组指定到人。

（2）实验前检查本组所配备的玻璃器皿及实验仪器是否齐全，发现缺件、损坏等情况立即报告实验室管理教师，及时处理。

（3）遵守实验室纪律，重视安全操作，实验时保持安静，不得喧哗、打闹和吸烟。

（4）使用电、火及易燃、有毒物品时，遵循老师指导。

（5）实验实行桌、人、仪器三固定，未经老师允许，不得动用仪器，不准将仪器带出实验室，更不准擅自拆卸仪器。

（6）实验时要细心观察，积极思考，认真做好实验记录，严格按实验操作规程进行。实验中应低声讨论问题，如实认真做好实验记录，用规定实验用纸记录，不得用散页纸。若实验失败，经教师同意方可重做。

（7）涉及工业化的药剂实验基本都涉及电的使用，实验前必须认真检查仪器设备电路无误后，再接通电源，以免造成短路或损坏设备仪器。如发生意外事故，应及时向老师报告。损坏仪器要如实填写《仪器损坏报告单》。对因不按操作规程进行实验而损坏仪器者，原则上由实验者赔偿。

（8）注意实验室卫生，实验台面和地面要保持整洁，污水、污物残渣等应分别放入指定地方，禁止丢入水池。

（9）实验完毕，须将所用仪器洗涤清洁。清点整理好所用仪器，送还老师，值日生应负责整理公用器材，打扫实验室，倒净废物缸，检查水、电，关好门窗，需要紫外线灭菌的实验室，将紫外线灯打开，灭菌时间达到要求后，方可关闭。

第二节　实验报告要求

实验报告是一个实验全过程的书面材料，是进行药物制剂研究、生产、质量检查及管理的原始记录和科学依据，必须符合要求，具有科学性、真实性、逻辑性、简明性及艺术性。实验分数按实验过程中的预习、操作、结果与报告综合考核判定，实验过程及实验报告分数占实验总成绩的 70％，实验书面考试成绩占总成绩的 30％。

实验报告包括如下内容。

1. 标题内容

（1）学校单位，进行实验日期。

（2）实验课程名称。

（3）学生姓名，专业和班级，同组人员。

（4）实验项目名称。

2. 实验报告内容

（1）实验目的。

（2）实验原理　简明扼要地阐述所进行实验的理论依据、实验要点、文献综述、发展趋势及相关知识。

（3）实验内容　试剂材料仪器、处方组成、操作过程、工艺条件、质量控制方法等。

（4）实验结果　对实验进行归纳、总结及评述，得出结论，可用文字或图表简要表达。

（5）实验讨论

① 分析或说明实验现象及所涉及的思考题，并正确解答。

② 实验过程中的注意事项。

③ 实验过程中的疑难问题。

④ 对实验的合理化改进意见。

3. 思考题及实验后的思考体会

实验报告格式详见附录Ⅰ。

第三节　实验室安全

实验室是实验室安全与环境保护工作的执行单位，必须严格遵守国家法律法规和学校相关规定，工业药剂学实验涉及药物制剂的实验室实验及工业化生产中试实验，对生产中的安全操作规程、注意事项、意外事故防范措施及应急预案都有明确的规定。对新进入实验室学习与工作的教师、研究人员和学生，应有相关专业人员进行系统全面的教育与培训，新进入实验室人员经培训并获得实验室主任或负责人的认可后，方可进入实验室工作与学习。工业药剂学相应的实验室安全规则如下。

1. 实验室环境卫生及内务管理

（1）各实验室房间均须落实安全与环境保护工作责任人，并将实验室名称、责任人、联系电话等信息统一制牌，置于实验室入口处明显位置。

（2）实验室内应保持清洁，禁止堆砌杂物。仪器设备及物品应摆放整齐，消防设施应配备完全，并有简易明确的使用说明。

（3）实验室钥匙、门禁卡的配发、管理由实验室主任负责，其他人员不得私自配置或借给他人使用，对于钥匙及门禁卡丢失、人员调动等情况，应及时采取措施，办理报失或移交手续。

（4）严禁在实验室内吸烟、饮食，禁止陌生人及与工作无关的人员进入实验室，不得在实验室内进行与实验无关的活动。

（5）实验室应加强防盗，最后离开实验室的人员，应锁好门窗，严防危险物品被盗。

2. 用电安全管理

（1）实验室内应配备空气开关及漏电保护器。电气设备应配备足够的用电功率和电线，不得超负荷用电。电气设备和大型精密贵重仪器设备须接地线。

（2）不得擅自改装、拆修电气设施，不得乱接、乱拉电线，不得使用闸刀开关、木质配电板和花线（双绞线），实验室内不得有裸露的电线头。

（3）除非工作需要并采取必要的安全保护措施，空调、电热器、计算机、饮水机等不得在无人情况下开机过夜，化学类实验室内不得使用明火电炉。离开实验室之前，应先切断或关闭电源。

3. 危险物品（危险化学品）安全管理

（1）使用危险物品的实验室，必须严格遵守《危险化学品安全管理条例》等国家法律法规及学校相关管理规定，建立严格的危险物品登记、交接、检查、出入库、领取清退等制度，应建立危险物品帐目，帐目要日清月结，做到帐物相符。

（2）对易燃、易爆、剧毒、放射性及其他危险物品，应指定工作责任心强、具备一定保管知识的专人负责管理。对剧毒、放射性物品应严格落实"五双"制度，即以双人保管、双人领取、双人使用、双锁、双帐本为核心的安全管理制度和安全措施。

（3）实验人员必须配备防护装备方可参与相关危险物品的实验活动。学生使用危险物品时，教师应详细指导监督，并采取安全防护措施。

（4）危险物品存放地点，要设防盗报警设施。对存放中的危险物品要经常检查，及时排除安全隐患，防止因物品变质分解造成自燃、爆炸事故的发生。严防危险物品丢失、被盗和发生其他事故。

（5）凡使用放射性物品的实验室，入口处必须张贴放射性标志和安装必要的防护安全联锁、报警装置或者工作信号。

4. 实验室危险废弃物处置管理

（1）实验室必须严格按照《中华人民共和国固体废物污染环境防治法》《废弃危险化学品污染环境防治办法》等国家法律法规和学校相关规定处置实验室危险废弃物，避免污染环境和发生安全事故。

（2）产生有害废气的实验室必须按规定安装通风、排风设施，必要时须安装废气处理装置，防止环境污染。

（3）实验室产生的危险废弃物必须严格分类收集存放，并及时转运到学校实验室固体废弃物暂存库，由实验室与设备管理处委托具有相应废弃物处置资质的单位进行处置，严禁直接排放或擅自处理。

5. 工业药剂学实验室安全管理

（1）应严格遵守药剂实验相关规定，规范涉及化学类以及生化类试剂和用品的购置、实验操作、废弃物处理等工作程序，将安全责任落实到人。

（2）有关药剂设备是指《中国药典》（2015 年版）中定义的设备，实验室药剂设备主要包括压片机、流化床、压力容器（如高压乳匀机）以及包衣锅等机械类设备。

（3）购置药剂设备时，必须选择由国家认定的具有药剂生产资质的厂家生产的设备，单位不得自行设计、制造，也不得对设备擅自进行改造。设备购置安装后，必须按照说明书严格操作，定期进行检验。

（4）学生进行设备操作前，必须携带实验预习报告，听取老师进行安全教育、设备讲解、机器操作示范后方可进行实验。

（5）实验完成后的卫生清洁工作必须将电源断掉后进行。

6. 大型精密贵重仪器设备使用安全管理

（1）大型精密贵重仪器设备应由专人负责安装调试、管理和使用，大型精密贵重仪器设备的管理和使用人员必须经培训并取得上岗资格证后方能上岗，学生上机实验必须在大型精密贵重仪器设备管理人员的指导下进行。

（2）使用大型精密贵重仪器设备必须按规定填写《大型精密贵重仪器设备使用记录册》，出现故障或仪器异常时应记录情况，以便检查和维修。

（3）相关实验室应注意仪器设备的接地、电磁辐射、网络等安全事项，避免发生安全事故。

7. 实验人员劳动保护管理

实验室要做好工作环境管理和劳动保护工作。要针对振动、噪声、焊接、辐射、病菌、毒性、激光、粉尘、超净等对人体有害的环境，切实加强实验室环境的监督和劳动保护工作，落实相应的劳动保护措施，配备必需的劳动保护、防护用品，保证实验人员的安全和健康。

8. 实验室信息安全管理

（1）信息安全是指信息的保密性、完整性、可用性、抗否认性和可控性的保持和维护。各院（系）实验室应增强信息安全管理意识，注意保护教学、科研活动中的实验技术参数、观测数据、实验分析结果及新的科学发现等资料。

（2）应加强实验室计算机的安全管理，建立病毒防护系统并不断加以更新，重要的数据资料应定期进行备份。

（3）有关涉密文件和资料的制作、保管、使用、传输等须按照学校保密工作规定执行，不得在与互联网连接或未采取保密措施的计算机上制作、传输和存储涉密信息。

（4）各单位应经常对实验室工作人员进行保密教育，定期对保密工作的执行情况认真检查，杜绝泄密事故发生。

9. 检查与惩治

（1）实验室与设备管理处、院（系）实验室要根据学校制定的《实验室安全规定》，结合实际情况，建立相应层面的检查制度并认真落实。检查内容主要包括实验室布置、卫生维持、水电安全、危险品使用与保管、化学与生物废弃物（气、液、固态物）的处置管理、特种设备安全、放射性安全等。

（2）对违反《实验室安全规定》的实验室和个人，实验室与设备管理处、保卫处、院（系）实验室有权停止其实验和作业，令其限期整改。凡被责令整改的实验室，应采取相应的整改措施，整改完成并经各有关部门检查合格后，方可恢复工作。

（3）对于工作不负责任或不遵守操作规程而造成事故或不良影响的，学校将根据情节轻重，对相关责任人给予批评教育、经济处罚和行政处分，触犯法律的将依法追究法律责任。

第二章
工业药剂学基础实验

实验一　混悬剂（suspensions）的制备

一、实验目的

1. 掌握混悬剂的实验室及工业制备方法；
2. 掌握沉降容积比的概念并熟悉测定方法；
3. 熟悉根据药物的性质选用适宜的稳定剂，了解当前制备的混悬剂的种类。

二、实验原理

（一）混悬剂的概念及特征[1]

混悬剂是指难溶性固体药物以微粒状态分散于分散介质中形成的非均相液体制剂。混悬剂属于粗分散体系，药物微粒粒径一般在 $0.5 \sim 10 \mu m$，但凝聚体的粒子粒径可在 $0.1 \sim 50 \mu m$ 范围内。

混悬剂有液体制剂和干混悬剂两种形式，优良的混悬剂具有下列特征：药物微粒细小、粒径分布范围窄、在液体分散介质中能均匀分散、微粒沉降速度慢、沉降微粒不结块、沉降物再分散性好。

（二）混悬剂的制备方法[2]

1. 分散法

分散法是将粗颗粒的药物粉碎成符合混悬剂微粒要求的分散程度，再分散于分散介质中制备混悬剂的方法。

（1）亲水性药物　如氧化锌及炉甘石等，先将药物粉碎到一定细度，再加处方中的液体适量，研磨到适宜的分散度，最后加入处方中的剩余液体至全量。

（2）疏水性药物　先加一定量的润湿剂与药物研匀后再加液体研磨混匀，微粒粒径可达 $0.1\sim0.5\mu m$。

（3）质量高、硬度大的药物　采用"水飞法"，即在药物中加适量的水研磨至细，再加入较多量的水，搅拌，稍加静置，倾出上清液，研细的悬浮微粒随上清液被倾倒出去，余下的粗粒再进行研磨。如此反复直至药物完全研细，达到要求的分散度为止。

分散法用设备：实验室制备用乳钵，工业化生产用乳匀机、胶体磨、球磨机等机械。

2. 凝聚法

将离子或分子状态的药物借助物理或化学方法凝聚成微粒，再混悬于分散介质中形成混悬剂。

（1）物理凝聚法　物理凝聚法是将分散成离子或分子分散状态的药物溶液加到另一分散介质中凝聚成混悬液的方法。一般将药物制成热饱和溶液，在搅拌下加至另一种不同性质的液体中，使药物快速结晶，可制成粒径在 $10\mu m$ 以下（占 $80\%\sim90\%$）的微粒，再将微粒分散于适宜介质中制成混悬剂。

（2）化学凝聚法　是用化学反应法使两种药物生成难溶性的药物微粒，再混悬于分散介质中制备混悬剂的方法。为使微粒细小均匀，化学反应在稀溶液中进行并应急速搅拌。

制备混悬剂时，应使混悬微粒有适当的分散度，粒度均匀，以减小微粒的沉降速度，使混悬剂处于稳定状态。

（三）混悬剂的稳定性影响因素及解决方法[3]

1. 混悬剂的稳定性影响因素

（1）混悬剂中微粒的沉降速度　混悬剂中微粒的沉降速度与多种因素有关，可用 Stokes 公式表示

$$V=\frac{2r^2(\rho_1-\rho_2)g}{9\eta}$$

式中，V——沉降速度，cm/s；r——微粒半径，cm；ρ_1——微粒密度，g/cm^3；ρ_2——分散介质密度，g/cm^3；η——分散介质的黏度，$g/(cm\cdot s)$；g——重力加速度，cm/s^2。由 Stokes 公式可见，微粒沉降速度与微粒半径平方、微粒与分

散介质的密度差成正比，与分散介质的黏度成反比。

（2）荷电与水化膜　混悬剂中微粒可因本身离解或吸附分散介质中的离子而荷电，具有双电层结构，即有 ζ 电势。由于微粒表面荷电，水分子可在微粒周围形成水化膜，这种水化作用的强弱随双电层厚度的改变而改变。微粒荷电使微粒间产生排斥作用，加之有水化膜的存在，阻止了微粒间的相互聚结，使混悬剂稳定。

（3）絮凝与反絮凝　混悬微粒形成疏松聚集体的过程称为絮凝（flocculation）。混悬剂中的微粒由于分散度大而具有很大的总表面积，因而微粒具有很高的表面自由能，这种高能状态的微粒有降低表面自由能的趋势，由于微粒荷电，电荷的排斥力阻碍了微粒间的相互聚结。因此只有加入适当的电解质，使 ζ 电位降低，以减小微粒间电荷的排斥力。加入的电解质称为絮凝剂。

向絮凝状态的混悬剂中加入电解质，使絮凝状态变为非絮凝状态这一过程称为反絮凝。加入的电解质称为反絮凝剂。反絮凝剂所用的电解质与絮凝剂所用的电解质相同。

（4）结晶　混悬剂中药物微粒大小不完全一致，混悬剂溶液在总体上是饱和溶液，但小微粒的溶解度大而在不断溶解，对于大微粒来说则是过饱和而不断地增长变大，此过程称为结晶的溶解和生长。须加入抑制剂阻止此过程，以保持混悬剂的物理稳定性。

（5）浓度与温度　在同一分散介质中分散相的浓度增加，混悬剂的稳定性降低。温度变化不仅改变药物的溶解度和溶解速度，还能改变微粒的沉降速度、絮凝速度、沉降容积，从而改变混悬剂的稳定性。

2. 解决方法[4]

（1）增加混悬剂稳定性　减小微粒半径。

（2）增加分散介质的黏度，减小微粒与分散介质的密度差，加入高分子助悬剂，增加微粒亲水性。

常用稳定剂如下。

① 助悬剂

a. 低分子助悬剂　甘油、糖浆剂等。

b. 高分子助悬剂　天然的高分子助悬剂：阿拉伯胶、西黄蓍胶、桃胶、植物多糖类如海藻酸钠、琼脂、淀粉浆等。合成或半合成高分子助悬剂：甲基纤维素、羧甲基纤维素钠、羟丙基纤维素、卡波姆、聚维酮、葡聚糖等。硅藻土：含水的非晶质 SiO_2，在水中膨胀形成高黏度凝胶，在 pH 值＞7 时，膨胀性更大，黏度更高，助悬效果更好。触变胶：单硬脂酸铝溶解于植物油中可形成触变胶。

② 润湿剂。润湿剂是指能加强疏水性药物微粒被水湿润作用的附加剂。许多疏水性药物，如硫黄、甾醇类、阿司匹林等不易被水润湿，加之微粒表面吸附有空气，给制备混悬剂带来困难，这时应加入润湿剂，润湿剂可被吸附于微粒表面，增加其亲水性，产生较好的分散效果。最常用的润湿剂是亲水亲油平衡值（hydrophilic lipophilic balance，HLB）在 7～9 的表面活性剂，如聚山梨酯类、聚氧乙烯蓖麻油类、泊洛沙姆等。

③ 絮凝剂和反絮凝剂。使混悬剂产生絮凝作用的附加剂称为絮凝剂，产生反絮凝作用的附加剂称为反絮凝剂。制备混悬剂时常须加入絮凝剂，使混悬剂处于絮凝状态，以增加混悬剂的稳定性。絮凝剂和反絮凝剂的种类、性能、用量，混悬剂所带电荷以及其他附加剂等均对絮凝剂和反絮凝剂的使用有很大影响，应在实验的基础上加以选择。

（四）混悬剂的质量评定

混悬剂中微粒的大小不仅关系到混悬剂的质量和稳定性，也会影响混悬剂的药效和生物利用度，所以测定混悬剂中微粒大小及其分布是评定混悬剂质量的重要指标，主要体现在以下几个方面。

1. 沉降容积比

沉降容积比（sedimentation rate）是指沉降物的容积与沉降前混悬剂的容积之比。

$$F/\% = (H_u/H_0) \times 100$$

沉降容积比（F）也可用高度表示，H_0 为沉降前混悬液的高度，H_u 为沉降后沉降面的高度。F 值愈大混悬剂愈稳定。F 值在 0～1。混悬微粒开始沉降时，H_u 随时间增大而减小。

2. 絮凝度

絮凝度（flocculation value）是比较混悬剂絮凝程度的重要参数，用下式

表示

$$\beta = F/F_\infty$$

式中，F——絮凝混悬剂的沉降容积比；F_∞——去絮凝混悬剂的沉降容积比；β——絮凝度，即絮凝所引起的沉降物容积增加的倍数。例如，F_∞ 为 0.15，F 为 0.75，则 $\beta = 5.0$，说明絮凝混悬剂沉降容积比是去絮凝混悬剂沉降容积比的 5 倍。β 值愈大，絮凝效果愈好。用絮凝度评价絮凝剂的效果，预测混悬剂的稳定性，有重要价值。

3. 重新分散实验

优良的混悬剂经过贮存后再振摇，沉降物应能很快重新分散，这样才能保证服用时的均匀性和分剂量的准确性。实验方法：将混悬剂置于 100mL 量筒内，以 20r/min 的速度振摇，经过一定时间后，量筒底部的沉降物应重新均匀分散，说明混悬剂再分散性良好。

三、实验试剂与仪器

试剂：氧化锌，甘油，羟甲基纤维素钠，阿拉伯胶，精制硫黄，乙醇，软皂，硫酸锌，樟脑醑，羧甲基纤维素钠，碱式硝酸铋，1％枸橼酸钠，蒸馏水等。

仪器：玻璃仪器一套/组（见附录Ⅱ），球磨机等。

四、实验内容

本实验 2～3 人一组。

1. 分散法制备氧化锌悬浊液

原料与用量见表 1。

制法：称取氧化锌细粉（过 120 目筛），按照表 1 中的处方称取其他物质，置乳钵中（有助悬剂的处方可先将助悬剂加少量水研磨成溶液后再加氧化锌细粉）加水研磨成糊状，用适量蒸馏水稀释后转入同样大小的试管中，加水至刻度（10mL）。依次配好后，塞住管口，同时振摇后放置，再分别记下 5min、

10min、30min、60min、120min 后沉降容积比 H_u/H_o。（H_o 为总混悬液的原始高度，H_u 为混悬液在刻度试管中不同时间的沉降物的最终高度）。溶剂与时间的沉降关系的实验结果填入表5。实验结果见文后实验一彩图。

表1　分散法制备氧化锌悬浊液的原料与用量

材料	处方1	处方2	处方3	处方4
氧化锌	0.5g	0.5g	0.5g	0.5g
甘油		3mL		
羟甲基纤维素钠			0.1g	
阿拉伯胶				0.1g
蒸馏水加至	10mL	10mL	10mL	10mL

2. 分散法制备复方硫黄洗剂并比较不同的湿润剂的作用

（1）实验室制备　分散法制备复方硫黄洗剂原料与用量见表2。

表2　分散法制备复方硫黄洗剂原料与用量

材料	处方1	处方2	处方3
精制硫黄	0.2g	0.2g	0.2g
乙醇		2mL	
甘油		1mL	
软皂			0.02g
蒸馏水加至	10mL	10mL	10mL

制备步骤：取硫黄置乳钵中，按处方分别加入全量的软皂、甘油、乙醇和少量的蒸馏水研磨，再各自缓缓加入蒸馏水，边加边研磨，直至全量。

将以上三种处方制剂分别放入试管内，振摇，放置，观察各处方制剂的混悬状态和现象，填入表6并讨论。

（2）工业中试制备　工业中试制备复方硫黄洗剂的试剂及用量见表3。

表3　工业中试制备复方硫黄洗剂的试剂及用量

材料	用量
硫黄	300g
硫酸锌	300g
樟脑醋	2500mL
羧甲基纤维素钠	50g
甘油	1000mL
蒸馏水加至	10000mL

制备步骤：取硫黄置球磨机中，加甘油研磨成细糊状，转入搅拌器中。硫酸锌溶于1000mL水中。另将羧甲基纤维素钠用2000mL水制成胶浆，在搅拌下缓缓加入搅拌器中，搅拌下加入硫酸锌溶液，搅匀。在搅拌下以细流加入樟脑醑，急剧搅拌后加蒸馏水至全量，搅匀，取样10mL，放置检查其H_u/H_0值并将其结果填至表7。

3. 絮凝法制备混悬剂及电解质对混悬剂的影响考察

絮凝法制备混悬剂的处方见表4。

表4 絮凝法制备混悬剂的处方

材料	处方1	处方2
碱式硝酸铋	1.0g	1.0g
1%枸橼酸钠		1.0mL
蒸馏水加至	10mL	10mL

制备步骤：取碱式硝酸铋加少量水研磨，处方2再加入1%枸橼酸钠溶液1mL，然后分别转入试管，用蒸馏水稀释至足量（10mL），振摇后放置，观察沉降现象。2h后，并握两支试管进行反复翻转，记录翻转次数各自能重新分散的次数，并将结果填至表8。

五、实验结果与讨论

1. 分散法制备氧化锌悬浊液结果

表5 溶剂与时间的沉降关系实验结果

时间/min　＼　处方	1		2		3		4	
	H_u	H_u/H_0	H_u	H_u/H_0	H_u	H_u/H_0	H_u	H_u/H_0
5								
10								
30								
60								
120								

比较几种助悬剂的作用，并根据以上数据，用直方图绘出各处方的沉降曲线。

2. 分散法制备复方硫黄洗剂结果

表 6　分散法制备复方硫黄洗剂实验结果

时间/min ＼ 处方	1		2		3	
	H_u	H_u/H_0	H_u	H_u/H_0	H_u	H_u/H_0
5						
10						
30						
60						
120						

表 7　工业中试制备复方硫黄洗剂实验结果

时间/min	H_u	分散次数
10		
30		
60		
120		

3. 絮凝法制备混悬剂结果

表 8　絮凝法制备混悬剂实验结果

时间/min ＼ 处方	1		2	
	H_u	分散次数	H_u	分散次数
10				
30				
60				
120				

讨论在悬浊液中加适量絮凝剂的意义。

思　考　题

1. 从原理解释氧化锌悬浊液所用助悬剂形成的现象。

2. 比较硫黄洗剂的三种制品中硫黄的混悬情况，哪一种最好？处方中的乙醇、甘油和软皂各起什么作用（见文后实验一彩图）？

3. 为何所制备的混悬剂微粒不均匀时，大的微粒总是迅速沉降，细小的微粒沉降速度很慢？

4. 工业中试制备复方硫黄洗剂中樟脑醑为 10% 樟脑乙醇液，为何加入时应急剧搅拌？

5. 醋酸可的松滴眼剂、胃肠道透视用 $BaSO_4$ 是用何种方法制备的？如果生产中制备需要注意什么影响因素？

实验二 乳剂（emulsions）的制备

一、实验目的

1. 掌握乳剂的制备方法及乳剂类型的鉴别；
2. 比较不同制备乳剂方法制得乳剂的分散相粒度及其稳定性；
3. 掌握工业生产中形成乳剂的工艺条件。

二、实验原理

（一）乳剂概念

乳剂是两种互不相溶的液相组成的非均相分散体系，通常是由一种液体的小滴分散在另一种液体中形成[1]。分散的液滴称为分散相、内相或不连续相，包在液滴外面的液相称为分散介质、外相或连续相。乳剂具备如下优点[2]：

（1）液滴的分散度大，药物吸收和药效发挥快，生物利用度高。

（2）油性药物制成乳剂剂量准确，使用方便。

（3）水包油型乳剂可掩盖药物的不良臭味，口服乳剂可加入矫味剂。

（4）外用乳剂能改善其对皮肤、黏膜的渗透性，减少刺激性。

（5）静脉注射乳剂分布快、药效高、具有靶向性，静脉营养乳剂是高能营养输液的重要组成部分。

（二）乳剂分类[3]

乳剂由水相（用 W 表示）、油相（用 O 表示）和乳化剂组成，根据乳化剂的种类、性质及相体积比（φ），可形成水包油（O/W）或油包水（W/O）型乳剂，也可形成复乳（multiple emulsions），如 W/O/W 型或 O/W/O 型，以及纳米乳等类型。

根据乳滴的大小，将乳剂分类为普通乳、亚微乳和纳米乳。

（1）普通乳（emulsions） 乳滴大小一般在 $1\sim100\mu m$，呈乳白色不透明的液体。

（2）亚微乳（micron emulsions） 乳滴大小一般在 $0.1\sim1.0\mu m$，亚微乳常作为胃肠道给药的载体。静脉注射乳剂应为亚微乳，粒径一般在 $0.25\sim0.4\mu m$ 范围内。

（3）纳米乳（nanoemulsions） 乳滴粒子$<100nm$，一般在 $10\sim100nm$ 范围内，以往曾把纳米乳称作微乳（microemulsions）。

（三）乳化剂（emulsifying agents，emulsifier）

能有效地降低表面张力，有利于形成乳滴、增加新生界面，使乳剂保持一定的分散程度和物理稳定性的物质为乳化剂。

具备的条件：①具有较强的乳化能力，并能在乳滴周围形成牢固的乳化膜；②具有一定的生理适应性，不应对机体产生近期和远期的毒副作用，无局部刺激性；③受各种因素影响小；④稳定性好。

乳化剂的选择应根据乳剂的使用目的、药物的性质、处方组成、乳剂的类型及乳化方法等综合考虑[5]。

1. 乳化剂的分子结构和性质

（1）乳化剂是表面活性剂，乳化剂分子中含有亲水基和亲油基，形成乳剂时，亲水基伸向水相，亲油基伸向油相，若亲水基大于亲油基，乳化剂伸向水相的部分较大，使水的表面张力降低很大，可形成 O/W 型乳剂；若亲油基大于亲水基，则形成 W/O 型乳剂。

（2）天然或合成的亲水性高分子乳化剂亲水基特别大，而亲油基很小，降低水相表面张力的作用大，形成 O/W 型乳剂。

（3）固体微粒乳化剂若亲水性大则被水相湿润，形成 O/W 型乳剂；反之，形成 W/O 型乳剂。乳化剂亲油、亲水性是决定乳剂类型的主要因素。

（4）乳化剂的溶解度影响乳剂的形成。通常易溶于水的乳化剂有助于形成 O/W 型乳剂，易溶于油的乳化剂有助于形成 W/O 型乳剂。油、水两相中对乳化剂溶解度大的一相将成为外相，即分散介质。乳化剂在某一相中的溶解度越大，表示两者的相溶性越好，表面张力越低，体系的稳定性越好。但是，若乳化剂的亲水性太大，极易溶于水，反而使形成的乳剂不稳定。

2. 相容积比

油、水两相的容积比简称相容积比。从几何学的角度看，具有相同粒径的球体最紧密填充时，球体所占的最大体积为74％；如果球体之间再填充不同粒径的小球体，球体所占的总体积可达90％。理论上相容积比在小于74％的前提下，相容积比越大乳滴的运动空间越小，乳剂越稳定。实际上，乳剂的相容积比达50％时能显著降低分层速度，相容积比一般在40％～60％较稳定。相容积比小于25％时乳滴易分层，分散相的体积超过60％时，乳滴之间的距离很近，乳滴易发生合并或引起转相。制备乳剂时应考虑油、水两相的相容积比，以利于乳剂的形成和稳定。

（四）乳剂的制备方法

1. 干胶法（实验室手工法）

或称为油中乳化剂法，先将乳化剂加入油相中混合均匀后，加水制备乳剂，如以阿拉伯胶作乳化剂制备乳剂时，先将阿拉伯胶分散于油中，研匀，按比例加水，用力研磨制成初乳，再加水稀释至全量，混匀，即得 O/W 型乳剂。因为乳化剂是天然胶类，因此亦称干胶法。本法特点是先制备初乳，初乳中油、水、胶（乳化剂）的参考比例如下：若油相为植物油，则其比例为 4∶2∶1；若油相为挥发油，则其比例为 2∶2∶1；若油相为液体石蜡，则其比例为 3∶2∶1。

2. 湿胶法（实验室手工法）

或称为水中乳化剂法，先将乳化剂分散于水中研匀，再加入油相，用力搅拌使成初乳，加水将初乳稀释至全量，混匀，即得 W/O 型乳剂。初乳中油、水、胶的比例同干胶法。

3. 新生皂法（工业制备）

在油、植物油（含有硬脂酸、油酸等有机酸）中加入氢氧化钠、氢氧化钙、三乙醇胺等，高温下（70℃以上）生成新生皂，在两相界面上生成的新生皂可作为乳化剂，经搅拌即形成乳剂。生成的一价皂则为 O/W 型乳化剂，二价皂则为 W/O 型乳化剂。本法可用于制备乳膏剂。

4. 两相交替加入法（工业制备）

向乳化剂中每次交替地加入少量水或油，边加边搅拌，即可形成乳剂。天然胶类、固体微粒乳化剂等可用本法制备乳剂。当乳化剂用量较多时，本法是一个很好的方法。

5. 机械法（工业制备）

将油相、水相、乳化剂混合后，用乳化机械制备乳剂。机械法制备乳剂时可不用考虑混合顺序，借助于机械提供的强大能量，很容易制成乳剂。

6. 纳米乳的制备

纳米乳的乳化剂主要是表面活性剂类，其亲水亲油平衡值应在 15～18，乳化剂和辅助成分一般占乳剂的 12%～25%。

7. 复合乳剂的制备

可采用二步乳化法制备，将水、油和乳化剂制成一级乳，再以一级乳为分散相与含有乳化剂的水或油乳化制成二级乳。如制备 O/W/O 型复合乳剂，先选择亲水性乳化剂制成 O/W 型一级乳剂，再选择亲油性乳化剂分散于油相中，在搅拌下将一级乳加入油相中，充分分散得 O/W/O 型乳剂。

（五）乳剂质量检测

1. 粒径检测

（1）显微镜法　测定粒径范围 0.2～100μm 的粒子，测定粒子数不少于 600 个。

（2）库尔特计数器法　测定粒径范围为 0.6～150μm 的粒子和粒度分布。

（3）激光散射法　测定 0.01～2μm 范围的粒子，适于静脉乳剂的测定。

（4）透射电镜法　测定粒子大小及分布，观察粒子形态。测定的粒子范围为 0.01～20μm。

2. 外观检测

（1）分层　用离心法加速分层，将乳剂置于 10cm 离心管中，以 3750r/min 的速度离心 5h，相当于放置一年的自然分层效果。

（2）絮凝、转相、破裂　将乳剂置于 10cm 试管振摇、倒置，检查絮凝。

3. pH 测定

pH 测定仪测定。

4. 含量测定

根据药物含量测定方法测定。

(六) 乳剂制备仪器与设备

1. 搅拌乳化装置

手工制备用乳钵，工业制备用搅拌机，分为低速搅拌乳化装置和高速搅拌乳化装置。

2. 高压乳匀机

借助强大的推动力，将两相液体通过乳匀机的狭缝形成乳剂。制备乳剂时通常先用其他方法将液体初步乳化，再用乳匀机乳化。

3. 胶体磨

利用高速旋转的转子和定子之间的缝隙产生强大的剪切力使液体乳化。要求不高的乳剂可用本法制备。

4. 超声波乳化器

利用 $10\sim50$ kHz 的高频振动制备乳剂，可制备 O/W 型乳剂和 W/O 型乳剂。黏度大的乳剂不宜采用本法。

(七) 乳剂制备注意事项

(1) 根据药物的溶解性质不同采用不同的加入方法。

① 若药物溶于油相，可先将药物溶于油相再制成乳剂；

② 若药物溶于水相，可先将药物溶于水相再制成乳剂；

③ 若药物不溶于油相也不溶于水相，可用亲和性大的液相研磨药物，再制成乳剂，也可将药物先用已制成的少量乳剂研磨至细再与乳剂混合均匀。

(2) 手工研磨需向同一方向研磨。

三、实验试剂与仪器

试剂：牛血清白蛋白，肉豆蔻酸异丙酯，豆油（$d=0.91$，d 为相对密度），阿拉伯胶（细粉），吐温-80（$d=1.03\sim1.10$），司盘-80，卵磷脂，苏丹红，亚甲蓝，蒸馏水，生理盐水等。

仪器：玻璃仪器一套/组（见附录Ⅱ），高压乳匀机，组织捣碎机等。

四、实验内容

本实验 2～3 人一组。

1. 实验室制备乳剂（手工干胶法）

实验前将玻璃器皿清洗干净，烘干待用。

（1）乳剂处方 1　乳剂处方 1 所用材料与用量见表 1。

表 1　乳剂处方 1 所用材料与用量

材料	用量
豆油	13.5mL
阿拉伯胶（细粉）	3.1g
蒸馏水	加至 50mL

制备步骤：将阿拉伯胶与豆油置于干燥的乳钵中研磨均匀后，按油：水：胶以 4：2：1 的比例，一次加入蒸馏水 6.3mL，迅速向同一方向研磨直至产生特殊的"劈裂"乳化声，即成初乳，加水稀释后转移至 100mL 的烧杯中，加水至 50mL 即得乳剂，取样，镜检。检查乳剂的类型，观察分散相粒度，记录最大和多数粒子的粒径，并将结果填至表 7。实验结果见文后实验二彩图。

（2）乳剂处方 2（加入乳化剂制备乳剂）　乳剂处方 2 所用材料与用量见表 2。

表 2　乳剂处方 2 所用材料与用量

材料	用量
豆油	10mL
吐温-80	5mL
蒸馏水	加至 100mL

制法：取吐温-80 与豆油于乳钵中研磨均匀，加入 6～10mL 蒸馏水研磨，制成乳剂，再加水稀释至 100mL，镜检。观察分散相粒度，记录最大和多数粒子的粒径，并将结果填至表 7。

2. 机械分散法制备乳剂

（1）乳剂处方 3　乳剂处方 3 所用材料与用量见表 3。

表 3　乳剂处方 3 所用材料与用量

材料	用量
豆油	10%
卵磷脂	1.1%
甘油	2.5%
蒸馏水	加至 100%

制法：取卵磷脂及甘油共置烧杯中搅拌，置水浴上加热使其分散均匀后，加入水及豆油，共置组织捣碎机中，以 8000～12000r/min 的速度搅拌匀化 3min，即成乳剂。取样，镜检，测定粒度，记录最大和多数粒子的粒径，并将结果填至表 7。

将制得的乳剂再置于高压乳匀机中，在 136～181MPa 压力下匀化 3 次，取样稀释后镜检，记录最大和多数粒子的粒径，并将结果填至表 7。

（2）乳剂处方 4　乳剂处方 4 所用材料与用量见表 4。

表 4　乳剂处方 4 所用材料与用量

材料	用量
豆油	10mL
吐温-80	5mL
水	加至 100mL

制法：取吐温-80 置组织捣碎机中，加入适量温水（40℃）搅拌均匀，加入豆油及剩余的水，搅拌 3min。取样，镜检，记录观察到的最大和多数粒子的粒径，并将制得的乳剂置乳匀机中使其匀化三次，镜检，检查粒度。测得结果全部记录于表 7。

3. 乳剂的类型鉴别

染色镜检法：将各制备的乳剂样品涂在载玻片上，用油溶性染料苏丹红以及水溶性染料亚甲蓝各染色一次，在显微镜的低倍镜下观察，苏丹红均匀分散，乳滴内为蓝色或乳滴外为红色，则为 W/O 型乳剂；亚甲蓝均匀分散，乳滴内为红色或乳滴外为蓝色，则为 O/W 型乳剂。即加苏丹红油溶液，若连续相呈红色则为 W/O 型乳剂；加亚甲蓝水溶液，若连续相呈蓝色则为 O/W 型乳剂，记录本组实验现象于表 8。

4. 含药乳剂的制备

5-氟尿嘧啶复乳的工业制备，≥5 人/组

（1）W/O 初乳 乳剂 W/O 初乳所用材料与用量见表 5。

表5 W/O初乳所用材料与用量

材料	用量
5-氟尿嘧啶（1mg/mL）	500mL
牛血清白蛋白	0.2mL
肉豆蔻酸异丙酯	500mL
司盘-80	26.75g

（2）W/O/W 复乳 乳剂 W/O/W 复乳所用材料与用量见表 6。

表6 W/O/W复乳所用材料与用量

材料	用量
W/O 初乳	500mL
吐温-80	10mL
蒸馏水	490mL

（3）实验步骤

① 0.9％生理盐水配制 称取 9g 药用氯化钠（NaCl）加入 50mL 蒸馏水中溶解，稀释至 1000mL，待用。

② 用适量生理盐水溶解 5-氟尿嘧啶、牛血清白蛋白，使得 5-氟尿嘧啶浓度为 1mg/mL，将肉豆蔻酸异丙酯与司盘-80 混成油相，于组织捣碎机中乳化，取样观察初乳的形成；将吐温-80 与蒸馏水混匀，缓缓加入定量初乳，继续搅拌，放入乳匀机中匀化 1h，取样观察，并将实验结果填入表 9。

五、实验结果与讨论

表7 手工干胶法和机械分散法制备乳剂实验结果

项目 \ 制备方法	手工干胶法		机械分散法	
	无乳化剂	吐温-80	卵磷脂	吐温-80
镜检结果				
粒径				
乳匀机处理后粒径	—	—		

表 8　乳剂的类型鉴别实验结果

染料	内相染色	外相染色	乳剂类型
水溶性染料			
油溶性染料			

表 9　含药乳剂的制备实验记录

项目	粒径	形状
初乳		
复乳		

思 考 题

1. 乳化剂选择的原则是什么？

2. 对于口服和注射用乳浊型制剂，其主要质量标准有哪些？

3. 5-氟尿嘧啶复乳的制备属于哪种制备方法？中试实验在制备乳剂时与实验室制备的区别是什么？

实验三 注射剂（injection）的制备与质量考察

一、实验目的

1. 掌握注射剂的生产工艺过程和操作要点；
2. 掌握注射剂质量检查指标的检测手段；
3. 了解注射剂严格按工艺条件操作的必要性。

二、实验原理

（一）注射剂的定义、质量要求、组成、制备工艺及质量检查项目

1. 注射剂的定义

注射剂（injection）是指药物制成供注入体内的无菌溶液（包括乳浊液和混悬液）以及供临用前配成溶液或混悬液的无菌粉末或浓溶液[1]。

2. 注射剂的质量要求[2]

所有种类注射剂，须符合下列质量要求。

（1）无菌 注射剂内不应含有任何活的微生物，必须符合《中国药典》2015 版无菌检查的要求。

（2）无热原 注射剂内不应含热原，特别是用量一次超过 5mL 以上供静脉注射或脊椎注射的注射剂。

（3）澄明度要求 溶液型注射剂内不得含有可见的异物或混悬物。

（4）安全 注射剂必须对机体无毒性反应和刺激性。

（5）等渗 对用量大、供静脉注射的注射剂应具有与血浆相同的或略偏高

的渗透压。

(6) pH 值　注射剂应具有与血液相等或相近的 pH 值。

(7) 稳定性　注射剂必须具有必要的物理稳定性和化学稳定性，以确保产品在贮存期安全、有效。

(8) 药物含量符合要求。

3. 注射剂的组成[3]

(1) 注射用溶剂　包括极性溶剂、非极性溶剂及复合溶剂等。

(2) 药物　需符合现行版《中国药典》注射用药要求。

(3) 赋形剂　能够将药物溶于溶剂或保护药物性质的药用辅料，包括助溶剂、抗氧剂、pH 调节剂及抑菌剂等。

(4) 注射剂包装材料　根据不同药物注射剂类型选择相应的包装材料，性质需符合现行版《中国药典》注射用辅料标准。

4. 注射剂制备工艺[6]

(1) 制备工艺　根据药物的性质与医疗的要求，将药物配制成溶液（水性或非水性）、悬浊液或乳浊液，之后装入安瓿或多剂量容器中。

① 工艺过程

原辅料配制—粗滤—精滤—含量测定—调整浓度—灌装—灭菌—包装

② 原辅料配制方法

a. 稀配法　将原料加入所需的溶剂中一次配成注射剂所需浓度。本法适用于原料质量好，小剂量注射剂的配制。

b. 浓配法　将原料先加入部分溶剂配成浓溶液，加热溶解过滤后，再将全部溶剂加入滤液中，使其达到规定浓度。本法适用于原料质量一般，大剂量注射剂的配制。

(2) 投料量的计算　注射剂的制备过程中因加入活性炭等，引起药物的吸附而使药液浓度发生变化，在配液的过程中应计算药物吸附量，进行实际投料量的计算。

实际投料量＝规格用量＋活性炭吸附量

(3) 备注　原辅料配制过程中小针注射剂可根据药物性质要求加入助溶剂、抗氧剂等赋形剂，而输液注射剂只能进行 pH 调节及气体抗氧剂的工艺调节。

5. 注射剂质量检查项目

（1）无菌检查　薄膜过滤法及直接接种法检查。

（2）无热原检查　家兔实验法及细菌内毒素实验法检查。

（3）澄明度检查　包括可见异物及不溶性微粒检查。

（4）装量检查　包括装量检查及装量差异检查。

（二）维生素 C 注射剂的实验制备

1. 维生素 C 的性质

维生素 C 在干燥条件下很稳定，但在潮湿或在溶液中，则很快变色，并降低含量。维生素 C 分子结构中（图 1），在羰基毗邻的位置上有两个烯醇基，很容易被氧化，生成呋喃糠醛，再进一步聚合，生成带有黄色的聚合物，因此保护维生素 C 的稳定性是制备注射剂工艺的重点。

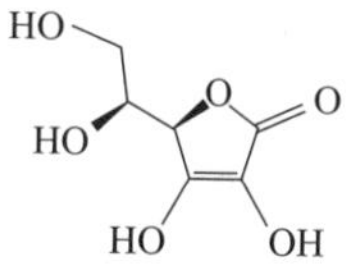

图 1　维生素 C 分子结构

2. 维生素 C 注射剂实验

维生素 C 注射剂的工业制备模拟实验是根据维生素 C 的性质确定生产工艺的影响因素。

（1）光、热、pH 等环境因素影响，使得维生素 C 黄色加深。

可用避光、选择适宜 pH 和温度及加入抗氧剂等方法来降低维生素 C 被氧化程度。常用的加抗氧剂方法将高纯度的惰性气体 N_2 或 CO_2 通入供配液的注射用水或已配好的药液中，使之饱和以驱尽溶解的氧气，并在药液灌入容器后立即通入 N_2 或 CO_2，以置换药液面上空间的氧气，封口灭菌。

（2）维生素 C 受到光、热、pH 等环境因素影响黄色加深后测定其含量的方法可由原紫外法改为滴定法。

① 紫外法。维生素 C 水溶液在 pH 为 4～7 时，于 267nm 处有紫外最大吸收，将维生素 C 标准品配成浓度为 $1～10\mu g/mL$ 的标准溶液，在 267nm 处测其吸光度 A 值，得到 A 值对维生素 C 浓度的标准曲线，求得其准确含量。

② 滴定法。取装量差异项下的维生素 C，混合均匀，精密称取适量（约相当于维生素 C 0.2g），加新沸过的冷水 100mL 与稀醋酸 10mL 使维生素 C 溶解，加淀粉指示液 1mL，立即用碘滴定液（0.05mol/L）滴定，至溶液显蓝色并在 30s 内不褪色。1mL 碘滴定液（0.05mol/L）相当于 8.806mg 的 $C_6H_8O_6$。

三、实验试剂与仪器

试剂：注射用维生素 C，注射用活性炭，高纯度 N_2 或者 CO_2，$NaHCO_3$，稀醋酸，淀粉指示液，碘滴定液（0.05mol/L）等。

仪器：玻璃仪器一套/组（见附录Ⅱ），50mL 或者 100mL 输液瓶，橡胶塞，聚四氟乙烯薄膜（隔离膜），纱布（15cm×15cm），砂芯漏斗，高压灭菌锅，pH 测定仪，磁力搅拌器，滴定装置一套等。

四、实验内容

本实验 2～3 人一组。

实验前玻璃器皿清洗干净烘干待用。

1. 维生素 C 注射剂的工艺制备

现行版《中国药典》规定的维生素 C 注射剂中维生素 C 浓度在 5%～50% 有 12 种规格，以 2mL：0.1g 为例进行注射剂工艺条件的实验考察。

制备工艺步骤：称取 5g 维生素 C 溶于 25mL 注射用水中，加入 0.1g 活性炭，砂芯漏斗滤过后测其含量，根据所测含量稀释至 5% 溶液，将 N_2 或者 CO_2 充入瓶中 10～20s 后，分装密封（标记为样品 1），于高压灭菌锅内灭菌 30min，测定其含量，并将结果填至表 1。

2. 维生素 C 注射剂的质量影响因素考察

pH 值对维生素 C 注射剂质量影响考察。

按照实验内容 1，制备 5% 的维生素 C 注射剂 100mL（灭菌前），留样 10mL，另取样 10mL，稀释至 100mL，将溶液分成五份（容器应干燥，每份

20mL 标记为样品 0、1、2、3、4），分别用 10％ NaHCO$_3$ 调节 pH 值至 4.0、5.0、6.0、7.0 后放入输液瓶中（0 号样品不调节 pH），放入隔离膜后用橡胶塞扣紧瓶口，用纱布将输液瓶口扎紧，作标记后于灭菌锅中灭菌 60min，观察取出时瓶中溶液的颜色变化，测定各样品含量（含量测定方法见实验原理部分）并记录于表 2。

3. 空气中的氧对维生素 C 注射剂质量的影响

（1）惰性气体对维生素 C 注射剂质量的影响实验　配制 5％维生素 C 溶液，取 10mL 稀释至 100mL，用 10％ NaHCO$_3$ 调节 pH 值至 5.8～6.2，分为三份样品（标记为样品 1、2、3），两份各 40mL，剩余量为灭菌前含量测定样品。将两份 40mL 样品的其中一份通入氮气 5～10s，两份样品均灭菌 60min，观察颜色变化，并将三份样品分别按滴定法测定维生素 C 含量，实验结果记入表 3。

（2）抗氧剂对维生素 C 注射剂质量的影响实验　配制 5％维生素 C 溶液，取 10mL 稀释至 100mL，用 10％ NaHCO$_3$ 调节 pH 值至 5.8～6.2，分为两份样品（标记为样品 1、2），各取 50mL，其中一份加入 NaHSO$_3$（为加入维生素 C 总量的 0.1％～0.2％），将两份样品均灭菌 60min，观察颜色变化，并将样品分别按滴定法测定维生素 C 含量，实验结果记入表 4。

4. 备注

（1）维生素 C 注射剂为小针注射剂，需安瓿封口，但涉及融封安全问题，因此改由输液瓶密封模拟工业制剂的制备过程测定其稳定性变化。

（2）封口瓶用橡胶塞密封后用纱布另行固定，以防加热过程中橡胶塞脱落。

（3）用碘滴定测定维生素 C 含量受空气中氧的影响较大，需快速滴定。

五、实验结果与讨论

表 1　高压灭菌处理对维生素 C 注射剂质量影响考察结果记录

样品号	样品条件	颜色变化		滴定液用量/mL		含量/mg		含量变化
		0min	30min	0min	30min	0min	30min	
1								
结论								

表 2　pH 值对维生素 C 注射剂质量影响考察结果记录

样品号	pH 值	颜色变化		滴定液用量/mL		含量/mg		含量变化
		0min	60min	0min	60min	0min	60min	
0								
1								
2								
3								
4								
结论								

表 3　惰性气体对维生素 C 注射剂质量影响考察结果记录

样品号	样品条件	颜色变化		滴定液用量/mL		含量/mg		含量变化
		0min	60min	0min	60min	0min	60min	
1								
2								
3								
结论								

表 4　抗氧剂对维生素 C 注射剂质量影响考察结果记录

样品号	样品条件	颜色变化		滴定液用量/mL		含量/mg		含量变化
		0min	60min	0min	60min	0min	60min	
1								
2								
结论								

思 考 题

1. 维生素 C 注射剂的质量主要受哪些因素的影响？

2. 易氧化药物注射剂应如何制备？

实验四　片剂（tablets）的制备及质量考察

一、实验目的

1. 通过乙酰水杨酸素片的制备，掌握湿法制粒生产片剂的工艺过程；

2. 掌握片剂质量的检查方法，考察黏合剂、润滑剂、崩解剂对片剂质量的影响；

3. 熟悉压片机的构造及使用方法。

二、实验原理

（一）片剂的概念与特点

片剂是指药物与辅料混合均匀后压制而成的片状制剂，是临床应用最广泛的剂型之一，它具有剂量准确、服用方便、成本低等特点[1]。

（二）片剂的制备

片剂的制备中压片前要求所要压制的材料具有一定的流动性，因此对原辅料进行颗粒的制备，以增加其流动性。制备方法包括湿法制粒、干法制粒[7]。

湿法制粒压片法所用赋形剂有稀释剂、黏合剂、崩解剂与润滑剂，制备工艺步骤包括粉碎、过筛、混合、制粒、干燥、整粒、混合、压片。

1. 湿法制粒生产片剂的工艺过程

将原辅料按照要求进行粉碎过筛（细度≥80目），按处方混合均匀，加入适量黏合剂或者润湿剂制成软材（软材以手工挤压过筛成颗粒为准），适宜温度干燥（干燥方法以不同药物片剂要求为准），干颗粒进行整粒，称重，按处方比例加入适宜的崩解剂及润滑剂，混合均匀，测定颗粒药物含量，计算片重后压片即可[3]。常用旋转式压片机进行压片，构造如图 1 所示。局部设备图见文后实验四彩图。

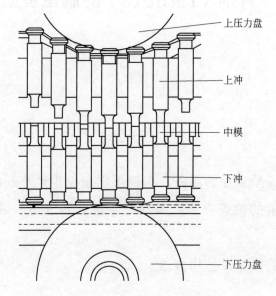

图 1　旋转式压片机构造

上下冲因出片的要求而使得冲径不同，见图 2。

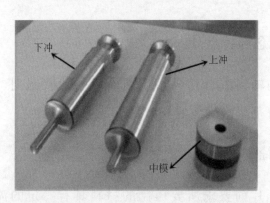

图 2　上冲、中模、下冲外观

2. 片重的计算公式

$$片重 = \frac{每片应含主药量}{干颗粒中主药质量分数的测得值}$$

片重要求为理论片重的 ±10%。

3. 压片时的注意事项

（1）黏度大的药物可选择黏度较小的润湿剂如乙醇、水进行制粒。

（2）如果发生不能压成片或者黏冲现象，应检查颗粒水分含量是否合格。

（三）素片的质量检查

所制得的素片需要进行质量检查，主要包括外观、硬度、崩解度、脆碎度、溶出度、片重差异等方面的检查[2]。

（1）外观性状要求　完整光洁、色泽均匀、无异物、无杂斑、有效期内保持不变。

（2）片重差异　取 20 片称重，将每片片重与平均片重比较，超出差异限度的药片不得多于 2 片，并不得有 1 片超出限度的 1 倍。

（3）硬度、脆碎度测定　硬度、脆碎度的测定一般用硬度仪和脆碎度仪测定。

硬度仪型号：硬度仪有多种不同型号，如 YD-4、YPD-200C、YPD-300C 等型号的片剂硬度计/片剂硬度仪适用于实验室及生产场所。

硬度仪使用方式：将药片立于两个压板之间，沿直径方向慢慢加压，药片刚刚破碎时的压力即为该片剂的硬度。

脆碎度检查方法：取若干片片重为 0.65g 或以下者，使其总重约为 6.5g；取 10 片片重大于 0.65g 者。用吹风机吹去片剂脱落的粉末，精密称重，置圆筒中，转动 100 次。取出，同法除去粉末，精密称重，减失重量不得超过 1%，且不得检出断裂、龟裂及粉碎的片。本实验一般仅做 1 次。如减失重量超过 1%，应复测 2 次，3 次的平均减失重量不得超过 1%，并不得检出断裂、龟裂及粉碎的片。片剂硬度仪、脆碎度仪示意图如图 3 所示。

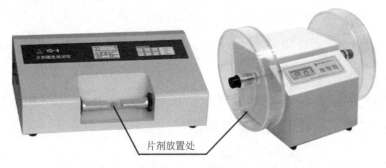

片剂放置处

图 3　片剂硬度仪、脆碎度仪示意图

（4）崩解度（崩解时限）　崩解仪吊篮法检查，主要结构包括能升降的金属支架与下端镶有筛网的吊篮，并附有挡板，升降的金属支架上下移动距离为

（55±2）mm，往返频率为每分钟 30～32 次。取片剂分别置于崩解仪的玻璃管中，吊篮浸入规定的液体介质中按一定的频率和幅度往复运动（每分钟 30～32 次），崩解液体介质调恒温至（37±0.5）℃。从片剂置于玻璃管时开始计时，至片剂全部崩解或崩解成碎片并全部通过玻璃管底部的筛网时止，该时间即为片剂的崩解时间。素片崩解时间为 15min。包衣片（浸膏片、糖衣片、薄膜衣片）崩解时间为 60min（素片的 4 倍）。

（5）溶出度或释放度　测定方法见溶出度测定实验。

（6）含量均匀度　凡检查含量均匀度的制剂，一般不再检查重（装）量差异；当全部主成分均进行含量均匀度检查时，复方制剂一般亦不再检查重（装）量差异。

除另有规定外，取 10 片供试品，按照各品种项下规定的方法，分别测定每个片剂以标示量为 100 的相对含量 x_i，求其均值 $\overline{X}$ 和标准差 S 以及标示量与均值之差的绝对值 $A(A=|100-\overline{X}|)$。

$$S=\sqrt{\frac{\sum_{i=1}^{n}(x_i-\overline{X})^2}{n-1}}$$

若 $A+2.2S\leqslant L$（L 为固定值，$L=20$[1]），则供试品含量均匀度符合规定；若 $A+S>L$，则不符合规定；若 $A+2.2S>L$，且 $A+S\leqslant L$，则应另取 20 片供试品复试。

根据初试复试结果，计算 30 个单剂的均值 $\overline{X}$、标准差 S 和标示量与均值之差的绝对值 A，再按下述公式进行计算并判定。

当 $A\leqslant 0.25L$ 时，若 $A^2+S^2\leqslant 0.25L^2$，则供试品的含量均匀度符合规定；若 $A^2+S^2>0.25L^2$，则不符合规定。

当 $A>0.25L$ 时，若 $A+1.7S<L$，则供试品的含量均匀度符合规定；若 $A+1.7S>L$，则不符合规定。

含量均匀度的检查用于检查单剂量的固体、半固体和非均相液体制剂含量符合标示量的程度。一般不检查复方制剂[8]。

三、实验试剂与仪器

试剂：乙酰水杨酸（阿司匹林）、淀粉、硬脂酸镁、明胶、羧甲基纤维素钠

（CMC-Na）等。

仪器：玻璃仪器一套/组（见附录Ⅱ）、压片机、水浴锅、筛子（14、16、30目）、干燥箱等。

四、实验内容

本实验 2～4 人一组。

1. 操作步骤

（1）原辅料粉碎过筛，按处方比例混合均匀。

（2）加入黏合剂制成软材，过筛成颗粒。

（3）干燥后，进行整粒，按处方量加入崩解剂及润滑剂。

（4）检测颗粒主药含量，计算片重，调节压片机进行压片。

2. 乙酰水杨酸素片的制备

（1）淀粉糊的制备　取药用淀粉 8g，加入 100mL 去离子水，混匀，边搅拌边加热至 75℃ 以上至糊化，冷却待用。

（2）制备过程　乙酰水杨酸素片处方见表 1。

表 1　乙酰水杨酸素片处方

原辅料	用途	用量
乙酰水杨酸	主药	30g
淀粉	稀释剂	3g
硬脂酸镁	润滑剂	1.5g
淀粉浆	黏合剂	适量

（3）制备步骤　加淀粉制成 8% 淀粉浆 50mL；取乙酰水杨酸细粉与淀粉混合均匀（过 30 目筛混合法），加淀粉浆制成软材，通过 16 目筛制粒，将湿粒于 60℃ 干燥后，再通 14 目筛整粒（整粒同时加入硬脂酸镁），将整粒后的颗粒压制直径为 8mm 的片剂。

3. 质量检查

（1）硬度　用硬度仪测定。

（2）脆碎度　应用片剂脆碎度仪进行测定。

（3）崩解时限　配制好溶出介质，将崩解仪内的溶出介质加热至（37±1)℃时，将所制备片剂放入崩解仪中，每个网口放一粒片剂，在规定条件下全部崩解溶散或成碎粒。如有少量不能通过筛网，则继续崩解直至通过筛网，记录其通过时间。

（4）片重差异　取 20 片所制备片剂，精密称定总重，求得平均片重，再分别称定各药片的重量。

$$片重差异/\pm\% = \frac{平均片重-单个片重}{平均片重} \times 100$$

《中国药典》2015 版规定标准：0.3g 以下药片的片重差异限度≤±7.5%；0.3g 或 0.3g 以上者为≤±5%。

（5）含量均匀度检查法　取 10 片所制备片剂，按照各品种项下规定的方法，分别测定每个片剂以标示量为 100 的相对含量 x_i，求其均值 $\overline{X}$ 和标准差 S。

（6）含量测定　取 20 片所制备片剂，研细，精密称定重量，用 0.1mol/L HCl 定量溶解，过滤，定量稀释，于 265nm 处测定其吸光度值。

将片剂质量检测结果记入表 4。

4. 影响片剂硬度和崩解度因素的考察

（1）黏合剂对片剂的硬度和崩解度的影响　黏合剂对片剂的硬度和崩解度的影响考察实验的不同处方见表 2。

表 2　黏合剂对片剂的硬度和崩解度的影响考察实验的不同处方

处方	主药/g	辅料/g	黏合剂
处方 1	30	3	8%淀粉
处方 2	30	3	5%明胶
处方 3	30	3	1%CMC-Na

操作步骤：将阿司匹林及辅料粉碎过 100 目筛，按处方将阿司匹林与淀粉混

匀成三份，加不同黏合剂制成软材，通过 16 目尼龙筛制粒，湿颗粒在 40～60℃ 干燥 2～4h，当颗粒呈现流动声响干燥状态时，取出放至室温下，将干颗粒通过 14 目不锈钢网筛进行整粒，分别加所制备颗粒重量的 0.5% 的润滑剂混匀，计算 片重压片，测定所压片的硬度与崩解度，并将结果填入表 5。

（2）崩解剂、润滑剂对片剂硬度和崩解度的影响　崩解剂、润滑剂对片剂 硬度和崩解度的影响实验的不同处方见表 3。

表 3　崩解剂、润滑剂对片剂硬度和崩解度的影响实验的不同处方

处方	颗粒重量/g	润滑剂（质量分数）/%	崩解剂（质量分数）/%
1	10	0.5	0.5(CMC-Na)
2	10	0.5	0.5(干淀粉)
3	10	0.5	2(CMC-Na)
4	10	2	0.5(CMC-Na)

操作步骤：取阿司匹林细粉 30g，加处方淀粉量混匀，加入 8% 淀粉浆适量 制软材，通过 16 目筛制粒，湿颗粒在 60℃ 干燥，干颗粒通过 14 目筛整粒。将 整粒后的颗粒分成四份，按处方加入崩解剂与润滑剂，分别压片，检测其硬度 与崩解度，测定结果填入表 6。

五、实验结果与讨论

表 4　片剂质量检测结果

质量检查指标	标准	现象
硬度		
脆碎度		
崩解时限		
片重差异		
含量均匀度		
含量		

表5　黏合剂对片剂的硬度和崩解度的影响实验结果记录

处方	硬度	崩解度
1		
2		
3		

表6　崩解剂、润滑剂对片剂硬度和崩解度的影响实验结果记录

处方	硬度	崩解度
1		
2		
3		
4		

思　考　题

1. 制备乙酰水杨酸片时应选择何种润滑剂？
2. 通过实验总结出影响片剂崩解的因素及原理。
3. 片剂的制备工艺应注意哪几点？

实验五　氢氯噻嗪片溶出速率
（dissolution rate）的测定

一、实验目的

1. 通过实验加深对溶出速率测定意义的理解；
2. 掌握片剂溶出速率测定的方法及溶出仪的使用方法。

二、实验原理

溶出速率（溶出度）是指活性药物从片剂、胶囊剂或颗粒剂等普通制剂在规定条件下溶出的速率和程度，在缓释制剂、控释制剂、肠溶制剂及透皮贴剂等制剂中也称释放度[1]。

片剂服用后，在消化道中主要经过崩解和溶解两个过程，然后通过生物膜被吸收，难溶性药物（如氢氯噻嗪）其体内吸收受溶解速率影响，即溶解是吸收的主要限速过程，故测定崩解时限不能作为判断难溶性药物片剂的吸收指标。为了有效控制片剂的质量，可采用测定药物的血药浓度或尿药浓度等来测定药物的生物利用度。而与体内测定结果相关的体外溶出速率测定方法，是评定难溶性片剂的内在质量及筛选固体制剂处方和评定制备工艺的重要手段[9]。

常用转篮法测定片剂的溶出速率，将片剂置于适当介质中（人工胃液、人工肠液或其他介质），间隔一定时间取样，本实验利用氢氯噻嗪的紫外吸收，用分光光度计测定不同浓度氢氯噻嗪溶液在 272nm 处的吸收值，依据实验所得的数据进行整理，绘制出药物释放百分数曲线，以评价该片剂的体外溶出效果[2]。转篮如图 1 所示。

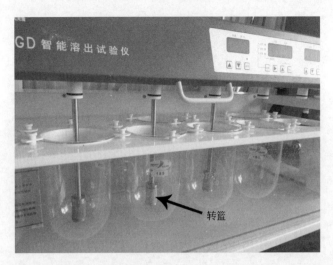

图 1　溶出试验仪实体图（转篮法）

三、实验试剂与仪器

试剂：氢氯噻嗪片、稀盐酸、磷酸二氢钾、氢氧化钠、胃蛋白酶、胰酶、去离子水等。

仪器：玻璃仪器一套/组（见附录Ⅱ）、药物溶出度仪、紫外分光光度仪等。

四、实验内容

本实验 2～3 人一组。

1. 试剂的配制

（1）0.1mol/L 氢氧化钠滴定液的配制　取氢氧化钠适量，加水振摇使其溶解成饱和溶液，冷却后，置聚乙烯塑料瓶中，静置数日，澄清后备用。取澄清的氢氧化钠饱和溶液 5.6mL，加新沸过的冷水至 1000mL，摇匀即得。

（2）1000mL 人工胃液的配制　取稀盐酸 16.4mL，加水约 800mL，加胃蛋白酶 10g，摇匀后，加水稀释至 1000mL。

（3）1000mL 人工肠液的配制　即磷酸盐缓冲液（含胰酶、pH 6.8），取磷酸二氢钾 6.8g，加水 500mL 使其溶解，用 0.1mol/L 氢氧化钠溶液调节 pH 值至 6.8；另取胰酶 10g，加水适量使其溶解，将两溶液混合后，加水稀释至 1000mL。

2. 样品的测定步骤

（1）待溶出介质温度恒定在（37±0.5）℃后，取供试品 6 片，分别投入 6 个干燥的转篮内，将转篮降入溶出杯中，立即按各品种项下规定的转速启动仪器，计时，至规定的取样时间吸取溶出液适量，立即用适当的微孔滤膜过滤，取澄清滤液，按照该品种项下规定的方法测定，计算每片的溶出量，并将结果填入表 1，在图 2 中作图。

注意事项：

① 注意避免供试品表面产生气泡。

② 实际取样时间与规定时间的差异不得超过±2%。

③ 取样位置应在转篮或桨叶顶端至液面的中点，距溶出杯内壁 10mm 处；需多次取样时，所量取溶出介质的体积之和应在溶出介质的 1% 之内，如超过总体积的 1% 时，应及时补充相同体积的温度为（37±0.5）℃的溶出介质，或在计算时加以校正。

④ 自取样至过滤应在 30s 内完成。

（2）溶出速率测定　取稀释液 5mL，过滤，置干燥试管内，用分光光度计在波长 272nm 处，以溶出介质为空白溶液，测定吸收度（吸收值以 0.1～0.7 为宜，如数据过大，各实验组自行处理）。氢氯噻嗪紫外吸收曲线：$A = 0.0053c + 0.0056$（A 为紫外吸收值，c 为药物浓度，单位为 $\mu g/mL$），浓度范围：1～20$\mu g/mL$。

五、实验结果与讨论

1. 氢氯噻嗪溶出速率结果与计算

表 1　氢氯噻嗪片中氢氯噻嗪溶出速率测定与累计释放量

项目	样品 1	样品 2	样品 3	样品 4	样品 5	样品 6	样品 7
取样时间/min	2	5	10	30	60	90	120
A							
累计释放量/%							

$$药物释放量/\% = \frac{测定浓度 \times 释放介质体积}{片重 \times 药物含量} \times 100$$

2. 氢氯噻嗪溶出速率图

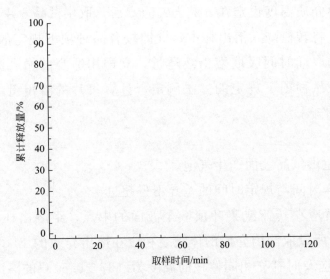

图 2　氢氯噻嗪累计释放量与取样时间关系图

思　考　题

1. 为什么药物的固体剂型需测定溶出速率？
2. 测定氢氯噻嗪溶出度时需注意哪些问题？

实验六　微囊（microcapsules）的制备

一、实验目的

1. 通过实验进一步理解凝聚法制备微囊的基本原理；
2. 掌握复凝聚法制备微囊的工艺方法。

二、实验原理

（一）微囊的概念

微囊（microcapsules）是利用天然的或合成的高分子材料（称为囊材）作为囊膜壁壳，将固态药物或液态药物（称为囊心物）包裹而成的药库型微小胶囊[1]。

（二）药物微囊化后的特点[2]

（1）掩盖药物的不良气味及口味。
（2）提高药物的稳定性。
（3）防止药物在胃肠道内失活及减少药物对胃肠道的刺激。
（4）使液态药物固体化。
（5）减少药物的配伍变化。
（6）缓释或控释药物。
（7）使药物浓集于靶区。
（8）提高疗效，降低毒副作用。

（三）常用囊材[3]

（1）天然高分子囊材　蛋白类、壳聚糖、海藻酸盐、阿拉伯胶、明胶。
（2）半合成高分子囊材　羧甲基纤维素钠（CMC-Na）、邻苯二甲酸醋酸纤维素（CAP）、乙基纤维素（EC）、羟丙基甲基纤维素（HPMC）、甲基纤维素（MC）。

（3）合成高分子囊材

① 非生物降解且不受 pH 影响的囊材：聚酰胺、硅橡胶。

② 非生物降解在一定 pH 下溶解的囊材：聚丙烯酸树脂、聚乙烯醇。

③ 生物降解材料：聚酯、聚合酸酐、聚氨基酸、聚乳酸（PLA）、丙交酯乙交酯共聚物（PLGA）、聚乳酸-聚乙二醇嵌段共聚物（PLA-PEG）。

（四）微囊的制备方法

微囊的制备方法可归纳为物理化学法、物理机械法和化学法三大类。可根据药物、囊材的性质和微囊的粒径、释放要求以及靶向性要求，选择不同的制备方法[10]。

① 物理化学法可分为单凝聚法（simple coacervation）、复凝聚法（complex coacervation）、溶剂-非溶剂法、改变温度法和液中干燥法。其中，复凝聚法制备微囊工艺简单，可用于多类药物的微囊化。

② 物理机械法可分为机械法、喷雾干燥法、喷雾冷凝法、空气悬浮法、锅包衣法和多孔离心法。

③ 化学法有界面缩聚法和辐射交联法等。

（五）复凝聚法原理[2]

复凝聚法制备微囊是利用具有相反电荷的高分子材料作囊材，将囊心物分散在囊材溶液中，在一定条件下，相反电荷的高分子材料相互交联形成复合物（即复合囊材）后，溶解度降低，自溶液中凝聚析出而成囊。高分子阿拉伯胶带负电荷，明胶在等电点以上带负电荷，在等电点以下带正电荷，将需包囊的药物先与阿拉伯胶制成乳剂或混悬液，再与等量的明胶溶液混合，由于明胶溶液带少量正电荷，并不发生凝聚现象，调节 pH 值至 3.8～4.0 后，明胶全部带正电荷，与带负电荷的阿拉伯胶产生凝聚，包在药物周围形成微囊。本实验将利用复凝聚法进行微囊的制备。

三、实验试剂与仪器

试剂：液体石蜡、阿拉伯胶、明胶、37％甲醛溶液、10％醋酸溶液、20％NaOH 溶液、蒸馏水、冰块等。

仪器：玻璃仪器一套/组（见附录Ⅱ）、组织捣碎机、显微镜、水浴锅、精密 pH 试纸、温度计等。

四、实验内容

本实验 2~3 人一组。

实验前将玻璃器皿清洗干净，烘干待用。

1. 实验室制备微囊

实验室制备微囊处方见表 1。

表 1 实验室制备微囊处方

材料	用量
液体石蜡	5g
阿拉伯胶	5g
明胶	5g
37％甲醛溶液	2.5mL
10％醋酸溶液	适量
20％NaOH 溶液	适量

操作步骤如下。

（1）液体石蜡乳剂的制备 取阿拉伯胶 2.5g 溶于 50mL 60℃蒸馏水中，加入液体石蜡 2.5g，于组织捣碎机中快速乳化 2~5s 成乳，同时在显微镜下观察结果，是否成乳剂。

（2）混合 将上述液体石蜡乳剂转入 500mL 烧杯中，置于 50℃恒温水浴中，另取 5％明胶溶液 50mL，预热至 50℃，然后在搅拌下加入液体石蜡乳剂中，测定混合液的 pH 值。

（3）调 pH 值，成囊 不断搅拌下，加 10％醋酸溶液调节混合液 pH 值至 3.8~4.0（精密试纸）。

（4）固化 在不断搅拌下，将加热至 40℃的 200mL 蒸馏水加至形成微囊的烧杯中，将烧杯自水浴中取出，不断搅拌，自然冷却，待温度冷至 32~35℃时，加入冰块，不断搅拌急剧降温至 5~10℃，加入 18％甲醛溶液 5mL，搅拌 15min，再用 20％NaOH 溶液调其 pH 值至 7.5~8.0，继续搅拌 45min，取样在显微镜下观察，绘图记录微囊的外形及大小，并将结果记录于表 3。

2. 工业制备微囊

工业制备微囊处方见表 2。

表2　工业制备微囊处方

材料	用量
鱼肝油	3kg
阿拉伯胶	3kg
明胶	3kg
36％甲醛溶液	2.5L
5％～10％醋酸溶液	适量
20％氢氧化钠溶液	适量
纯水	适量

制备步骤如下。

（1）明胶溶液的配制　将处方量明胶用适量水浸泡溶胀至溶解（必要时加热），加水至60L，搅匀，50℃保温备用。

（2）阿拉伯胶溶液的配制　将处方量阿拉伯胶粉末撒于水面，待粉末润湿下沉后，搅拌溶解，加水至60L，搅匀，50℃保温备用。

（3）鱼肝油乳状液的制备　将处方量鱼肝油与5％的阿拉伯胶溶液60L置于组织捣碎机中乳化1min，再加入5％的明胶溶液60L，混匀，即得。可于载玻片上用显微镜检查备用。

（4）鱼肝油微囊制备　将上述乳状液在50℃条件下，恒温不断搅拌下加入10％的醋酸溶液，调节pH 4.0为止，加入30℃的水，继续搅拌至10℃（用冰浴）加入36％的甲醛溶液2.5L，继续搅拌15min，用20％氢氧化钠调节pH值至8～9，继续搅拌1h，静置至微囊沉降完全，倾去上清液，过滤、水洗至无甲醛味，并用品红醛（schiff）试剂检查滤液不显色，抽干，即得，取样在显微镜下观察，绘图记录微囊的外形及大小，并将结果记录于表3。

五、实验结果与讨论

表3　凝聚法制备微囊实验结果记录

项目	微囊外形	微囊大小
实验室微囊制备		
工业制备微囊		

思 考 题

1. 微囊的外形和大小与哪些因素有关？

2. 复凝聚法制备微囊时，最好选择何种明胶？为什么？

3. 含药实验中实际形成的囊形有何特点？

实验七　吡哌酸脂质体（liposome）的制备

一、实验目的

1. 通过脂溶性药物吡哌酸（PPA）脂质体的制备，掌握不同制备脂质体的方法；
2. 了解脂质体形成的原理及脂质体作用特点。

二、实验原理

（一）脂质体概念

将磷脂等类脂质分散于水中所形成的具有双分子层包裹水相结构的封闭小囊泡称为脂质体[1]。

（二）脂质体的特点

脂质体一般为球形，其作为药物载体的研究范围为 $0.5\sim2\mu m$。在水中，脂质体头部亲水插入水中，尾部疏水伸向空气，搅动后形成双层脂分子的球形脂质体[11]。脂质体可作为基因药物的载体，也可以包裹化学药物。利用脂质体可以和细胞膜融合的特点，将药物送入细胞内部可以作为生物膜的实验模型。在研究或治疗上用其来包载药物、酶或其他制剂[12]。

（三）制备脂质体常用膜材[2]

（1）中性磷脂　包括磷脂酰胆碱（卵磷脂和大豆磷脂）、合成磷脂酰胆碱（二棕榈酰胆碱、二硬脂酰胆碱）、其他中性磷脂等。

（2）荷负电荷的磷脂　常用磷脂酸、磷脂酰甘油、磷脂酰肌醇、磷脂酰丝氨酸等。

（3）正电荷的脂质　硬脂酰胺、胆固醇衍生物等。

（4）胆固醇。

（5）长循环的膜材 二硬脂酰磷脂酰乙醇胺的聚乙二醇衍生物。

（四）脂质体的制备方法[3]

（1）被动载药法 包括薄膜分散法、逆向蒸发法、二次乳化法、溶剂注入法、冷冻干燥法、熔融法、去污剂除去法等。

（2）主动载药法 包括 pH 梯度法、硫酸铵梯度法、醋酸钙梯度法、离子载体法。

（五）脂质体的质量评价

（1）主药含量 主药含量测定可采用适当的表面活性剂或有机溶剂溶解脂质体膜，释放出药物后进行测定。

（2）渗漏率 表示脂质体储存期间包封率的变化情况，是评价脂质体稳定性的重要指标。定义为产品储藏一定时间后渗漏到介质中的药量与产品在储藏前包封的药量之比。

$$渗漏率/\% = \frac{产品储藏一定时间后渗漏到介质中的药量}{产品在储藏前包封的药量} \times 100$$

（3）荷电性 测定方法有显微电泳法、动态激光散射法和荧光法。

（4）稳定性 常见的不稳定现象有脂质体的聚集、融合、沉淀、粒径及其分布发生变化、包封药物的渗漏、脂质体膜材磷脂的氧化、降解等。

氧化指数是检测双键偶合的指标。因为氧化偶合后的磷脂在波长 230nm 左右具有紫外吸收而有别于未氧化的磷脂。磷脂脂质体的测定方法：将磷脂溶于无水乙醇配成一定浓度的澄明溶液，分别测定在波长 233nm 及 215nm 的吸光度，由下式计算氧化指数[1]。

$$氧化指数 = A_{233nm}/A_{215nm}$$

（5）体内分布 多以小鼠或大鼠为实验动物，将药物脂质体制剂按规定给药途径给药，测定不同时间实验动物血液和各组织中的药物浓度，与同剂量的游离药物比较，评价脂质体制剂的体内药动学和组织分布特征。

三、实验试剂与仪器

试剂：吡哌酸、卵磷脂、胆固醇、无水乙醇、氯化钠、1/15mol/L 磷酸盐缓冲液等。

仪器：玻璃仪器一套/组（见附录Ⅱ）、磁力搅拌器等。

四、实验内容

本实验2~3人一组。

实验前将玻璃器皿清洗干净，烘干待用。

1. 溶剂注入法制备吡哌酸脂质体

溶剂注入法制备吡哌酸脂质体的处方见表1。

表1　溶剂注入法制备吡哌酸脂质体处方

试剂	用途	加入量
吡哌酸	主药	1g
卵磷脂	膜材料	2g
胆固醇	膜材料	0.5g
无水乙醇	有机相	7mL
1/15mol/L 磷酸盐缓冲液	水相	加至 100mL

制备步骤：称取吡哌酸1g，加磷酸盐缓冲液100mL，在磁力搅拌器上加热溶解。用垂熔玻璃漏斗（G3）过滤。称取卵磷脂、胆固醇于60℃溶于7mL无水乙醇中，搅拌混合均匀，将此乙醇液滴加于60℃缓冲液中，搅拌30min，置于室温，显微镜下观察脂质体形状与粒径大小，并将结果记录于表3。实验结果见文后实验七彩图。

2. 冷冻干燥法制备吡哌酸脂质体

冷冻干燥法制备吡哌酸脂质体的处方见表2。

表2　冷冻干燥法制备吡哌酸脂质体处方

试剂	用途	加入量
吡哌酸	主药	1g
卵磷脂	膜材料	2g
胆固醇	膜材料	0.5g
0.9%氯化钠溶液	水相	50mL
1/15mol/L 磷酸盐缓冲液	水相	50mL
甘露醇	冷冻保护剂	15g

制备方法：将卵磷脂和胆固醇分散于磷酸盐缓冲液与 0.9％氯化钠溶液 (1∶1) 混合液中，超声处理，然后与甘露醇混合，真空冷冻干燥，用含吡哌酸 1g 的上述缓冲盐溶液分散，进一步超声处理，于显微镜下观察其形状与粒径大小，并将结果记录于表 3。

五、实验结果与讨论

表 3　不同方法制备脂质体的实验结果

制备方法	粒径	形状
溶剂注入法		
冷冻干燥法		

思　考　题

1. 实验中溶剂注入法制备脂质体的溶剂是什么，主要特点是什么？
2. 胆固醇在处方中起什么作用？
3. 两种不同方法所制备的脂质体有何区别？

实验八 软膏剂（ointments）的制备及不同基质对药物释放的影响

一、实验目的

1. 掌握不同类型基质的制备方法；
2. 了解不同类型基质对软膏剂中药物释放的影响。

二、实验原理

（一）软膏剂的概念及分类

软膏剂是指原料药物与油脂性或水溶性基质混合制成的均匀半固体外用制剂[1]。按分散系统可分为三类：溶液型、混悬型和乳剂型[2]。

（二）软膏剂基质

软膏剂基质可分为油脂性基质、乳剂型基质及亲水或水溶性基质。

1. 油脂性基质

油脂性基质是指以动植物油脂、类脂、烃类及聚硅氧烷类等疏水性物质为基质。此类基质润滑、无刺激性，涂于皮肤上能形成封闭性油膜，促进皮肤水合作用，对皮肤有保护软化作用。但是存在油腻性大、吸水性差、与药物不易混合、不易洗涤、药物释放性能差的缺点。其一般作为在水中不稳定的药物的基质，加入表面活性剂可增强吸水性，常用作乳剂型基质中的油相。

油脂性基质中以烃类基质凡士林为常用，固体石蜡与液状石蜡用来调节稠度。类脂中以羊毛脂与蜂蜡应用较多，羊毛脂可增加基质吸水性及稳定性。植物油常与熔点较高的蜡类熔合成适当稠度的基质[13]。

2. 乳剂型基质

乳剂型基质是将固体的油相加热融化后与水相混合，在乳化剂的作用下乳化，最后在常温下形成的半固体基质。乳剂型基质有水包油（O/W）型与油包水（W/O）型两类。

（1）O/W 型　①能与水混合，药物的释放与在皮肤的渗透性比 W/O 型基质好。②常需加防腐剂和保湿剂。③可用于亚急性、慢性、无渗出的皮肤破损和皮肤瘙痒症，忌用于糜烂、溃疡、水泡及化脓性创面。④乳化剂通常有一价皂、十二烷基硫酸钠、吐温类、聚氧乙烯醚类，辅助乳化剂通常有十六醇、十八醇、单硬脂酸甘油酯、司盘类。

（2）W/O 型　①基质内相为水相，用于皮肤，缓慢蒸发皮肤有缓和的凉爽感，适用于炎症性疾病。②基质外相为油相，不易洗除。③乳化剂通常为多价皂、司盘类等。

3. 亲水或水溶性基质

水溶性基质是由天然或合成的水溶性高分子物质组成的。溶解后形成水凝胶，如羧甲基纤维素钠（CMC-Na）属凝胶基质。目前常见的水溶性基质主要是合成的聚乙二醇（PEG）类高分子物，以其不同分子量配合而成。

（三）软膏剂的制备方法及注意事项[3]

溶液型或混悬型软膏剂常采用研磨法或熔融法制备。乳剂型软膏剂常在形成乳剂型基质过程中或在形成乳剂型基质后加入药物，称为乳化法。

1. 研磨法注意事项

（1）本法适用于少量油脂性基质和不耐热的药物。

（2）一般用研钵或电动研钵制备。

2. 熔融法注意事项

（1）适用于大量油脂性基质和熔点较高的基质。

（2）常用三滚筒软膏机制备。

3. 乳化法注意事项

（1）为防止混合时油相析出，水相温度可略高于油相。

（2）一般为连续相加入到分散相中，大生产时可两相同时混合。

（3）常用胶体磨或乳匀机制备。

（四）软膏剂药物的加入方法

（1）对于不溶性固体药物　可先研成细粉，过6号筛。取药物与少量基质研匀或与适量液体成分如液状石蜡、植物油、甘油等研匀成糊状，再与其余基质研匀。

（2）对于可溶于基质的药物　可将药物溶解在基质的组分中制成溶液型软膏剂。或根据药物的性质溶解于乳剂型基质的水相或油相中，制成乳剂型软膏剂。

（3）对于可溶于溶剂的药物　可先用少量溶剂使其溶解，然后再与基质混合。

（4）对于挥发性药物　含有樟脑、薄荷脑、麝香等挥发性共熔成分时，先共熔再与基质混合。挥发性药物加入时，基质温度应控制在60℃以下。

（5）对于中药浸出物　可浓缩为稠浸膏再加入基质中。固体浸膏可加少量水或稀醇等研成糊状，再与基质混合。

（五）软膏剂的质量检查

软膏剂的质量检查主要包括药物的含量，软膏剂的性状、刺激性、稳定性等的检测以及软膏剂中药物释放、吸收的测评。根据需要及制剂的具体情况，皮肤局部用制剂的质量检查，除了采用药典规定的检查项目的方法外，还可采用一些其他方法。

三、实验试剂与仪器

试剂：蜂蜡、花生油或棉籽油、十八醇、白凡士林、液状石蜡、月桂醇硫酸钠、尼泊金乙醇、甘油、甲基纤维素、苯甲酸钠、淀粉、水杨酸、蒸馏水等。

仪器：玻璃仪器一套/组（见附录Ⅱ）、肠衣、紫外-可见分光光度计、透皮吸收仪等。

四、实验内容

本实验2~3人一组。

实验前将玻璃器皿清洗干净，烘干待用。

1. 空白基质的制备

（1）单软膏空白基质　单软膏空白基质处方见表1。

表1　单软膏空白基质处方

材料	用量
蜂蜡	3.3g
花生油或棉籽油	6.7g

制法：取蜂蜡置水浴上加热，熔化后缓缓加入花生油或棉籽油，不断搅拌至冷凝，即得到单软膏空白基质，待用。

（2）乳剂型软膏空白基质　乳剂型软膏空白基质处方见表2。

表2　乳剂型软膏空白基质处方

材料	用量
十八醇	1.8g
白凡士林	2.0g
液状石蜡	1.2g
月桂醇硫酸钠	0.2g
尼泊金乙醇	0.02g
甘油	0.1g
蒸馏水	加至20mL

制法：取油相成分（十八醇、白凡士林及液状石蜡）置蒸发皿中，于水浴上加热至70～80℃；取水相成分（月桂醇硫酸钠、尼泊金乙醇、甘油和蒸馏水）于蒸发皿或小烧杯中，置水浴上加热至70～80℃，在等温下将水相成分以细流状加入油相成分中，在水浴上继续加热搅拌几分钟，然后在室温下继续搅拌至冷凝，即得到乳剂型软膏空白基质，待用。

（3）水溶性物质空白基质

① 纤维素类空白水溶性基质。纤维素类空白水溶性基质处方见表3。

制法：先将甲基纤维素与甘油在乳钵中研匀，然后边研边加入溶有苯甲酸钠的水溶液，研匀即得到纤维素类水溶性空白基质，待用。

② 甘油淀粉天然物质空白基质。甘油淀粉天然物质空白基质处方见表4。

表3　纤维素类空白水溶性基质处方

材料	用量
甲基纤维素	0.7g
甘油	1.0g
苯甲酸钠	0.01g
蒸馏水	8.3g

表4　甘油淀粉天然物质空白基质处方

材料	用量
淀粉	1.0g
甘油	7.0g
苯甲酸钠	0.02g
蒸馏水	2mL

制法：取淀粉 1g，加溶有苯甲酸钠的蒸馏水 2mL，混匀，再加入 7g 甘油于水浴上加热使充分糊化，即得到甘油淀粉天然物质水溶性空白基质，待用。

2. 含药软膏剂的制备（5%水杨酸软膏剂的制备）

（1）取水杨酸约 3g 置乳钵中研细。

（2）称取研好的水杨酸分成四份，每份 0.5g，分次加入所制备的单软膏基质、乳剂型基质、纤维素类水溶性基质及甘油淀粉天然物质基质各 9.5g，用研钵按照一个方向研磨 10min 以上至研匀状态，待用。

3. 软膏剂中药物的释放实验

（1）恒温水浴法

① 将所制得的不同基质的水杨酸软膏剂，分别置于食用肠衣内（约为 1g）用线绳扎紧。

② 将上述制得的水杨酸软膏剂置于装有 500mL、37℃蒸馏水的烧杯中［烧杯置于（37±1）℃的恒温水浴中，见图 1］，定时取样，每次取 5mL，并同时补加 5mL 蒸馏水，测定样品中水杨酸含量，并将结果填至表 5。

（2）透皮吸收仪法

将制备的不同基质的水杨酸软膏剂以肠衣为半透膜，进行透皮释放实验，透皮吸收仪器如图 2 所示。

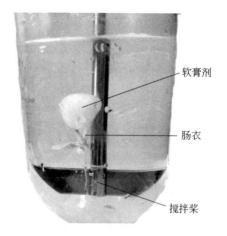

图 1　软膏剂恒温水浴法

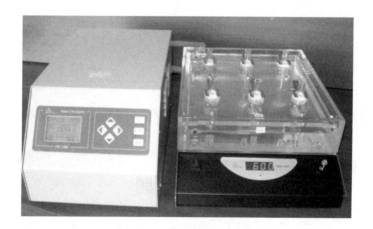

图 2　透皮吸收仪器

扩散池如图 3 所示。

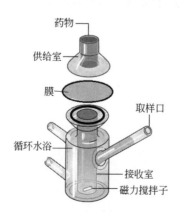

图 3　扩散池结构

（3）实验中药物水杨酸的含量测定　水杨酸含量与其在 530nm 波长下的吸光度值成正比，本实验采用常规的标准曲线法，以求得水杨酸实际的释放量，并将结果填至表 5。

五、实验结果与讨论

表 5　不同基质形成的水杨酸软膏剂释放结果记录

基质 取样时间/min	单软膏基质		乳剂型基质		纤维素类基质		甘油淀粉天然 物质基质	
	恒温 水浴法	透皮吸 收仪法	恒温 水浴法	透皮吸 收仪法	恒温 水浴法	透皮吸 收仪法	恒温 水浴法	透皮吸 收仪法
30								
60								
90								
120								

总结实验结果。根据实验结果讨论基质对水杨酸释放的影响。

思 考 题

1. O/W 型乳剂基质常用哪几种乳化剂？

2. 如何将软膏剂中的药物成分与基质混合均匀？工业制备时应采取哪些措施？

实验九　栓剂（suppositories）的制备

一、实验目的

1. 熟悉各类基质的特点和应用；
2. 掌握热熔法制备栓剂的操作过程；
3. 掌握置换价测定方法及工业应用。

二、实验原理

（一）栓剂的概念

栓剂是由药物和基质组成的具有一定形状和重量的专供用于人体腔道的固体剂型[1]。

（二）栓剂的特点

栓剂在常温下为固体，塞入腔道后，在体温下能迅速软化熔融或溶解于分泌液中，逐渐释放药物产生局部或全身作用[14]。

（三）栓剂的常用基质

栓剂的常用基质有脂肪性和水溶性两类，某些基质中还可加入表面活性剂或其他添加剂，使药物易于释放、提高稳定性或易被人体吸收[2]。对于需要制备成栓剂的固体药物，除另有规定外，应将药物粉碎成全部通过六号筛的粉末。

（四）栓剂的制备方法[3]

栓剂的制备方法最常用的是热熔法，它的工艺流程为：熔融基质、加入药物（混匀）、注模、冷却、刮削、取出即得。先将栓模洗净、擦干，用少许润滑剂涂布于模型内部，然后按药物性质以不同方法加入药物，混合均匀，倾入栓模内至稍溢出模口，放冷，待完全凝固后，用刀切去溢出部分，开启模型，将栓剂推出即可。栓剂常用模型如图 1 所示。

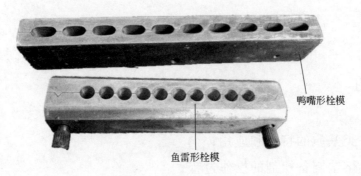

图 1 栓剂常用模型

（五）栓剂的质量评定

为确保基质用量以保证剂量准确，常要预测药物的置换价。置换价的定义为主药的重量与同体积基质的重量比值。对于药物与基质的重量比值相差较大且主药含量较大的栓剂，测定其置换价具有实际意义。

三、实验试剂与仪器

试剂：阿司匹林、半合成脂肪酸、甘油、硬脂酸、NaOH、吡罗昔康、硬脂酸聚烃氧 40 酯（S-40）、蒸馏水等。

仪器：玻璃仪器一套/组（见附录Ⅱ），水浴锅，栓剂模具等。

四、实验内容

本实验 2～3 人一组。

实验前将玻璃器皿清洗干净，烘干待用。

1. 实验室制备栓剂

（1）阿司匹林栓剂制备　阿司匹林栓剂处方见表 1。

表 1　阿司匹林栓剂处方

材料	用量
阿司匹林	3.0g
半合成脂肪酸	6.5g
甘油	适量(q.s.)

制备方法：按处方称取半合成脂肪酸置于蒸发皿中，于水浴上加热，待2/3基质熔化后停止加热，搅拌使之全熔，再把处方量已研细过筛（≥80目）的阿司匹林加入，不断搅拌使药物均匀分散，待混合物呈黏稠状态时，倾入已涂好润滑剂的模型内，迅速冷凝固化，削去模口上溢出部分，取出得含药栓剂，称重，计算其置换价，并将结果填至表4。

（2）甘油栓剂制备　甘油栓剂处方见表2。共制5枚肛门栓。

表 2　甘油栓剂处方

材料	用量
甘油	10g
硬脂酸	0.8g
NaOH	0.12g
蒸馏水	1.4mL

制备方法：取NaOH与蒸馏水置蒸发皿中，待NaOH溶解后加甘油，混匀，于水浴上加热，缓缓加入锉细的硬脂酸，随加随搅，直至得均匀澄明的溶液后，灌入已涂好润滑剂的模型内，冷却，削去模口上溢出部分，取出得含药栓剂，称重，计算其置换价，并将结果填至表4。实验结果见文后实验九彩图。

2. 工业生产制备含药栓剂

吡罗昔康栓剂的制备　吡罗昔康栓剂处方见表3。

制备方法：按处方称量辅料S-40于100kg搅拌釜加热熔化，按处方称量吡罗昔康粉末加入熔融基质中，搅拌混合半小时，均匀，保温灌模即得含药吡罗昔康栓剂，称重，计算其置换价，并将结果填至表4。该实验也可在实验室水浴进行。

本品有镇痛消炎消肿作用，用于治疗风湿性及类风湿性关节炎。

表3 吡罗昔康栓剂处方

材料	用量
吡罗昔康	10kg
S-40	50kg

五、实验结果与讨论

表4 实验结果记录

栓剂	置换价
阿司匹林栓	
甘油栓	
吡罗昔康栓	

思 考 题

1. 热熔法制备阿司匹林栓应注意什么问题?

2. 测定药物的置换价在栓剂制备中有何意义?什么情况下可考虑不用测定药物的置换价?

3. 甘油栓的制备原理是什么?操作时应注意什么?

第三章
工业药剂学设备操作中试实验

实验十　流化床设备（fluidized bed equipments）的操作

一、实验目的

1. 掌握流化床设备制粒、包衣的工作原理；
2. 掌握流化床设备制粒、包衣的标准操作规程；
3. 熟悉根据物料性质选择适宜流化床的制粒、包衣工艺参数；
4. 了解流化床设备的主要部件及其功能。

二、实验原理

流化床实验设备可以用于实验室探索参数、调整工艺，适用于小试或中试实验，为向大生产过渡提供优良条件[2]。本设备适用于干燥、混合、制粒或制速溶颗粒、制丸；或者用于粉末、结晶、颗粒、小丸或片子的水溶性或有机溶剂薄膜包衣[3]。

流化床制粒利用流化原理以沸腾形式将混合、制粒、干燥等工序合并在一台设备上完成。物料受到下部热气流的作用而由下向上到最高点后向四周分开下落，至底部再集中于中间向上，由此不停地运动。黏合剂由泵通过管道打入喷枪雾化后喷到物料中[15]。

流化床包衣是将包衣液喷在悬浮于一定流速空气中的片剂表面，同时加热空气使片剂表面溶剂挥发而成膜。包衣液通过位于物料槽底部隔圈内的喷枪雾化喷出。

本实验设备有底喷和顶喷两种装置，底喷装置可用于微丸、颗粒、粉末、小片等物料的包衣工艺；顶喷装置可用于压片、胶囊、冲剂等制剂的制粒工艺[16]。

流化床工作原理及结构见图 1 和图 2。

(a) 顶喷　　　　　　　　　　(b) 底喷　　　　　　　　　　(c) 切线喷

图 1　流化床工作原理

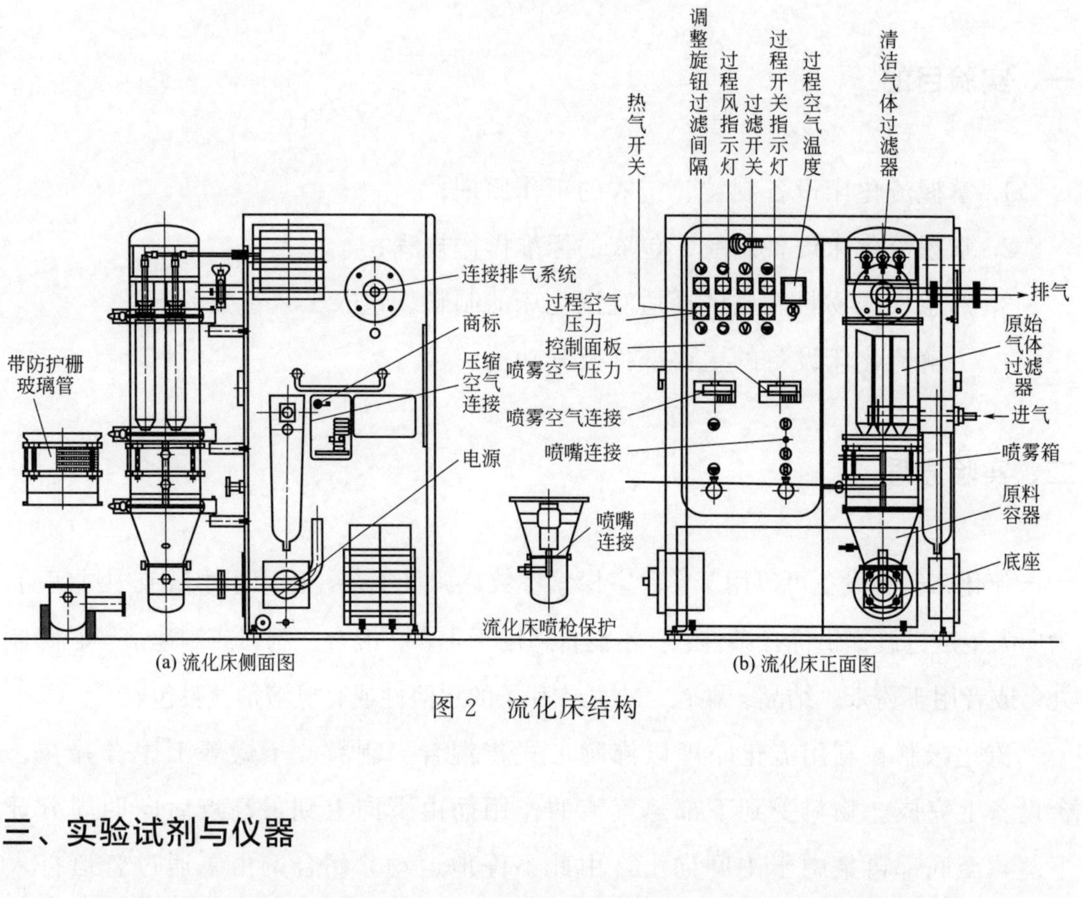

(a) 流化床侧面图　　　　　　　　　　(b) 流化床正面图

图 2　流化床结构

三、实验试剂与仪器

试剂：淀粉、微晶纤维素、3％羟丙甲纤维素、Ⅱ号丙烯酸树脂、蓖麻油、邻苯二甲酸二乙酯、聚山梨酯80、滑石粉、85％乙醇等。

仪器：Glatt实验用流化床、磁力搅拌器、恒流泵、插入式温度计等。

四、实验内容

本实验2～3人一组。

1. 流化床制粒

流化床制粒处方见表 1。

表 1　流化床制粒处方

材料	用量
淀粉	320g
微晶纤维素	120g
3％羟丙甲纤维素	适量

2. 流化床包衣

流化床包衣处方见表 2。

表 2　流化床包衣处方

材料	用量
Ⅱ号丙烯酸树脂	28g
蓖麻油	168g
邻苯二甲酸二乙酯	5.6g
聚山梨酯 80	5.6g
滑石粉	168g
85％乙醇	560mL

3. 实验操作步骤及操作注意点

（1）流化床组装完成后，打开流化床开关。

（2）打开除尘棒开关，打开鼓风压力控制阀，直至绿灯亮。

（3）打开加热板开关，直至空气温度达到指示温度。

（4）转动过程指示开关。

（5）调节喷雾压力阀，打开恒流泵开关。

（6）喷雾完成后，关闭恒流泵。

（7）干燥产品。

（8）干燥完成后，依次关闭加热板，除尘棒和流化床。

严格按照设备操作说明进行操作，特别注意风速、温度等条件的控制。

称量流化床包衣前后颗粒的质（重）量，并将结果填入表 3。

五、实验结果与讨论

表 3　流化床包衣前后颗粒重量

材料	重量/g
颗粒	
包衣	
包衣颗粒	

思　考　题

1. 流化床制粒、包衣的影响因素主要有哪些?

2. 为什么流化床操作时要进行除尘?

实验十一 超临界二氧化碳流体（supercritical extraction CO$_2$）的萃取操作

一、实验目的

1. 掌握超临界二氧化碳流体萃取实验的原理；
2. 掌握超临界二氧化碳流体萃取实验装置的标准操作规程；
3. 熟悉超临界二氧化碳流体萃取实验的影响因素及萃取意义；
4. 熟悉超临界二氧化碳流体萃取设备的主要部件及其功能。

二、实验原理

由于许多中药材药物对热敏感，故采用超临界二氧化碳流体萃取时在较低温度下进行[17]。由于有机溶剂的残留，传统萃取法往往不能满足食品、医药和应用化工等工业部门的要求，超临界 CO$_2$ 作为一种无毒溶剂，目前正被广泛用于中药材超临界二氧化碳流体萃取技术，从而防止有毒有害物质混入产品[18]。

超临界二氧化碳流体萃取技术可同时进行蒸馏和萃取两个过程，流体具有优良的传递性能和渗透力，有利于快速进行成分的萃取和分离。同时具有良好的选择性，其密度可在较宽的范围内随压力和温度的改变而改变[19]。原理为超临界流体的密度接近于液体，其扩散系数比液体大 100 倍左右，具有较高的溶解性能；但其黏度又近似于气体，远小于液体，因此与液体相比，超临界流体具有更突出的传质性能。在一些天然物质的萃取中，超临界萃取法比传统萃取法更能有效地保留易挥发物质的成分，保持其原有品质[20]。其萃取装置工艺流程图和装置图如图 1 和图 2 所示。设备图见文后实验十一彩图。

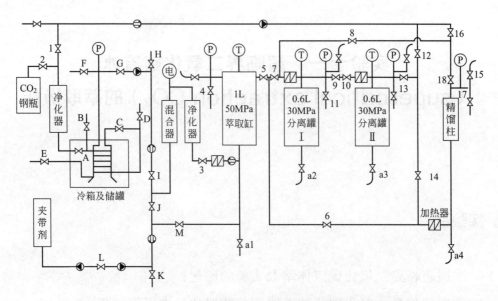

图 1　HA221-50-06 型超临界 CO_2 流体萃取装置工艺流程

图 2　超临界流体萃取装置

三、实验试剂与仪器

试剂：荆芥药材粉末等。

仪器：超临界萃取装置 HA221-50-06 型（江苏省南通市华安超临界萃取有限公司）等。

四、实验内容

本实验 3～5 人一组。

1. 处方

荆芥：100g。

2. 设备操作

（1）开机前的准备工作

① 首先检查电源、三相四线是否完好无缺。

② 冷冻机及储罐的冷却水源是否畅通，冷箱内为 30％的乙二醇＋70％的水溶液。

③ CO_2 钢瓶保证 5～6MPa 的气压，且食品级净重≥22kg。

④ 检查管路接头以及各连接部位是否牢靠。

⑤ 将每个热箱内加入冷水，不宜太满，水位离箱盖 2cm 左右。

⑥ 萃取原料装入料筒，原料不应装太满。料位离过滤网 2～3cm。

⑦ 将料筒装入萃取缸，盖好压环。

⑧ 如果萃取液体物料需加入夹带剂时，将料液放入携带剂罐，可用泵压入萃取缸内。

（2）开机操作顺序

① 先开电源开关，三相电源指示灯亮，则说明电源已接通，再启动电源按钮。

② 接通制冷开关，同时接通水循环开关。

③ 开始加温，先将萃取缸、分离罐、精馏柱的加热开关接通，将各自控温仪器调整至各自所需的设定温度。

④ 在冷冻机温度降到 0℃ 左右，且萃取罐、分离罐温度接近设定的要求后，进行下列操作。

⑤ 开始制冷的同时将 CO_2 钢瓶中的 CO_2 通过阀门 2 进入净化器、冷却管和储罐，CO_2 进行液化，液态 CO_2 通过泵、混合器、净化器进入萃取缸（萃取缸已装样品且关上堵头），等压力平衡后，打开放空阀门 4，慢慢放掉残留空气以降

低部分压力后，关闭放空阀。

⑥ 萃取。原料从阀门 3 进入萃取缸，阀门 5、7 进入分离罐Ⅰ，阀门 9、10 进入分离罐Ⅱ，阀门 13、14 进入精馏柱，阀门 18、16、1 回路循环，调节阀门 7 控制萃取罐压力，调节阀门 12 控制分离罐Ⅰ压力，调节阀门 14 控制分离罐Ⅱ压力，阀门 16 控制精馏柱压力。

注：萃取过程良好的表现：压力正常；温度正常；流量正常。

⑦ 萃取完成后，关闭冷冻机、泵和各种加热循环开关，再关闭总电源开关，待萃取缸内压力和分离器或精馏柱内压力平衡后，再关闭阀门 3、4，打开放空阀门 5 及阀门 a1，待萃取缸没有压力后，打开萃取缸盖，取出料筒，整个萃取过程结束。

⑧ 原料分离处理后分别在阀门 a2、a3、a4 处取出。

五、实验结果与讨论

实验所提取的荆芥挥发油重量填入表 1。

表 1　所提取荆芥挥发油重量

组	重量/mg
1	
2	
3	
…	

思　考　题

1. 影响超临界二氧化碳流体萃取效果的因素主要有哪些？
2. 适宜超临界二氧化碳流体萃取的药物性质如何？

实验十二 球磨机（ball mills）的操作

一、实验目的

1. 掌握球磨机在药物制剂中的应用原理；
2. 熟悉球磨机所研磨的原料药的性质；
3. 熟悉球磨机设备的主要部件及其功能。

二、实验原理

　　药物制剂中的固体制剂微粉化能够使药物粒子的比表面积增大而改变药物的生物利用度，在制剂过程中，粉碎为微粉细化的重要手段，是借助机械力将大块固体物料粉碎成适宜程度的碎块或细粉的操作过程。药物制剂生产时，常用粉碎机进行药物的粉碎，但部分药物如大分子药物、难溶性药物等不能直接用粉碎机进行粉碎，需要与少量液体辅料共同进行研磨，使得药物分子与辅料混合均匀，提高复方药物或药物与辅料的混合均匀性，以增加药物的比表面积，促进药物溶解与吸收，提高其生物利用度[21]。

　　球磨机是药剂生产上常用的粉碎机器，它具有一个不锈钢或瓷制的圆筒形容器，筒体内装有研磨体（钢球或瓷球），其数量和大小有一定的规定。球罐的轴固定在两侧轴承上，由电动机带动旋转。当球磨机旋转时，罐内的钢球和物料由于离心力的作用，钢球上升至一定高度，然后落下，物料在钢球的研磨和撞击作用下得到粉碎[22]。药剂生产中因药物性质的不同，研磨体可用玛瑙等不易与药物发生反应的球代替[23]，球磨机结构见图1。

（一）球磨机操作规程

　　① 开机前检查好机械和电器各部分，检查各连接螺栓是否松动；各润滑点

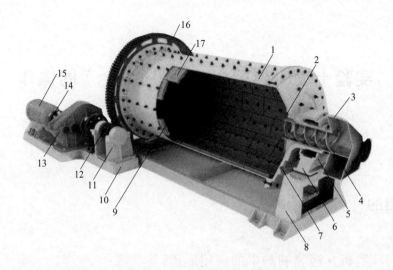

图 1　球磨机结构

1—筒体；2—石板；3—进料器；4—进料螺旋；5—轴承盖；6—轴承座；

7—辊轮；8—支架；9—花板；10—驱动座；11—过桥轴承座；

12—小齿轮；13—减速机；14—联轴器；15—电机；

16—大齿圈；17—大衬板

润滑是否正常；传动装置是否正常可靠；防护装置是否完好；电器仪表是否灵敏；电机碳刷是否接触良好。

② 运行设备，筒体旋转一周后，检查设备转动部分或周围有无障碍物，有则消除。启动时周围不准站人。

③ 检查无误后，按启动按钮启动电机，注意电流变化。球磨机连续启动不得超过两次。

④ 球磨机正常运转后，要严格按操作规定进行，禁止超负荷运转，空转时间不超过 15min。

⑤ 运行中要注意检查筒体是否漏浆，认真观察电流、电压、给料、给水是否正常，每半小时检查一次电机及主轴温度不大于 60℃，发现问题及时处理。

⑥ 运转中要注意观察中空轴、油环是否转动带油，中空轴温度是否正常，如发现中空轴发热，接近临界值时，应立即采取强制冷却措施，不得马上关停机器。同时注意检查各润滑部位油量、温度，定时加油。

⑦ 球磨机关停前应先停止给原料，待机内原料处理完后，停止给水。按停车钮，拉下电闸。

（二）球磨机操作注意事项

球磨机的维修是一项经常性的工作，维修工作的好坏直接影响球磨机的运转率和使用寿命。球磨机在运转过程中，常常碰到如下问题。

① 球磨机运转时，出现有规则的敲打声音，且音响很大，可检查衬板螺栓有没有拧紧。

② 球磨机及电动机轴承温度升高，超过规定，可检查润滑油牌号与设备出厂说明书是否一致，润滑油是否变质，是否堵塞，有没有直接进入润滑点，是否油量不足引起发热。

③ 球磨机减速机轴承发热，应检查减速机的排气孔是否堵塞，要疏通排气孔。

④ 球磨机电动机带减速机启动后，发生振动，检查轴承外圈活动情况，是否两轴同心。

⑤ 球磨机减速机带动磨机时发生巨大振动，调整球磨机磨机轴心与减速机轴心在同一平面轴心线上。

⑥ 球磨机减速机运转声音异常，停车进行处理。

三、实验试剂与仪器

试剂：L-异亮氨酸甲酯盐酸盐，β-环糊精等。

仪器：行星式球磨机 XQM-2L（天津泓阳机械设备有限公司）等。

四、实验内容

本实验 3～5 人一组。

L-异亮氨酸甲酯盐酸盐与 β-环糊精的混合操作实验如下。

L-异亮氨酸甲酯盐酸盐具有易吸湿、温度升高时成半固体状态、不易与固体辅料分散均匀的特点。

1. 处方

L-异亮氨酸甲酯盐酸盐与 β-环糊精的混合操作实验处方见表 1。

表 1   L-异亮氨酸甲酯盐酸盐与 β-环糊精的混合操作实验处方

材料	用量
L-异亮氨酸甲酯盐酸盐	500g
β-环糊精	500g

2. 操作步骤

按照处方将原辅料放入球磨机中，按照球磨机操作规程研磨 30min，停止研磨，等球磨机温度降至室温，继续研磨 30min，共研磨 3 次，取出。

3. 均匀度检查[1]

将已混好的混合物取三份定量样品（上中下部位，即混合后样品体积 1/6、1/2、5/6 处），检测其单位重量的样品含量，检测原理为 L-异亮氨酸甲酯盐酸盐在 210nm 处有紫外最大吸收，溶剂为无水乙醇，并将结果填入表 2。

五、实验结果与讨论

球磨机实验结果见表 2。

表 2   球磨机实验结果记录

取样部位	含量/%
上部	
中部	
下部	

思 考 题

1. 实验中为什么用玛瑙做磨球？

2. 该球磨机操作的注意事项有哪些？

实验十三　高压乳匀机（high pressure homogenizers）的操作

一、实验目的

1. 掌握运用高压乳匀机在药物制剂中的应用原理；
2. 熟悉高压乳匀机的应用及特点；
3. 熟悉高压乳匀机设备的主要部件及其功能。

二、实验原理

高压乳匀机是以高压往复泵为动力传递和输送物料的机器，将液态物料或以液体为载体的固体颗粒输送至工作阀部分。待处理物料在通过工作阀的过程中，在高压下产生强烈的剪切、撞击、空穴和湍流涡旋作用，从而使液态物料或以液体为载体的固体颗粒得到超微细化[24]。

（一）高压乳匀机的结构[25]

高压乳匀机外形如图 1 所示。乳匀机主要由机架、传动箱、均质阀、压力检测装置、均质液压调节装置等部件组成，乳匀机一般为卧式布置，传动箱安装在机架上，电动机安装在传动箱后，泵体与传动箱相连。电动机带动皮带、传动箱齿轮轴及曲轴，使曲轴转动，经连杆滑块带动柱塞做往复运动。柱塞在泵体内的运动形成抽吸与压出，经组合单向阀门控制料液便形成压力。

1. 传动系统

传动系统是由电动机、皮带轮、变速箱、曲轴、连杆机构及柱塞等组成。通过曲轴、连杆机构和变速箱将电机由高速旋转运动变成低速往复直线运动。

图1 高压乳匀机外形

实践中采用两级变速，即皮带轮及齿轮变速。变速后，使柱塞往复运动的速度控制在 130～170r/min。这种速度下，机器运转稳定、噪声低，柱塞密封耐用性好。

2. 柱塞泵

高压乳匀机由活塞带动柱塞在泵体内作往复运动，在单向阀配合下，完成吸料、加压过程，然后料液进入集流管。

3. 均质阀

均质阀接受集流管输送过来的高压料液，完成超细粉碎、乳化、匀浆任务。它有两级均质阀及二级调压装置，是完成超细粉碎、乳化、匀浆的专用零部件。阀中接触料液的材质必须具备无毒、无污染、耐磨、耐冲击、耐酸、耐碱、耐腐蚀的条件。

乳匀机的核心工作部件是均质阀，其结构如图2所示。进料泵2将产品输送到乳匀机的进料管路1中，在柱塞4往后移动的过程中，进料单向阀5会被进料泵的输送料推开，这时产品就会流进阀室和汽缸中；在柱塞往前移动的送料过程中，进料单向阀5在受压情况下会与它本身的阀座贴紧，关闭进料口，同时汽缸和中间管路的压力会高于排料管7中的压力，于是排料单向阀6会打开，将产品从排料管路中送出。乳匀机上装配均质阀室9，均质阀组8中的缝隙决定了均质过程中压力的大小。均质阀组的缝隙很小，但流量很大，均质阀可以控制均质的效果。

（二）高压乳匀机的原理[26]

目前有关乳匀机的均质作用机理主要有伯努利定律、空穴效应、剪切理论

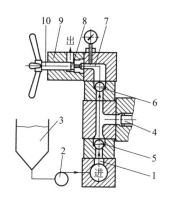

图 2 均质阀结构

1—进料管；2—进料泵；3—物料储罐；4—柱塞；

5—进料单向阀；6—排料单向阀；7—排料管；

8—均质阀组；9—均质阀室；10—均质调节阀

和撞击理论。这几种作用机理可同时存在于某种结构的均质阀中，但也可通过阀的设计使其中的某一机理起主要作用。

高压乳匀机是利用伯努利定律（理想液体作稳定流动时的能量守恒定律）和空穴效应设计的一种均质、分散通用设备。

伯努利定律：在密封管道内流动的理想液体具有压力能、动能和势能三种能量，它们可以互相转变，并且液体在管道内的任一处这三种能量总和是一定的。

空穴效应：在液流中，如果某一点的压力低于饱和蒸气压时液体就开始沸腾形成气泡（同时溶于液体中的空气都游离出来形成气泡），这些气泡混杂在液体中产生气穴，使液体成为不连续流动的状态，这种现象称为空穴现象。虽然空穴的产生可以起到均质作用，但空穴也能引起汽蚀，从而产生振动，使阀体发出较大的噪声，汽蚀现象是均质阀体磨损的主要因素。

当物料高压低速进入均质阀，流经阀座和阀杆微小间隙进入低压区，根据伯努利定律，压力能转变为动能，巨大的动能把物料流速提高到 $300 \sim 500 m/s$，此时压力迅速下降至饱和蒸气压，物料中形成气泡，出现空穴现象。在巨大压力下跌的作用下使物料失压、膨胀、爆炸；在巨大动能的作用下，物料颗粒通过阀件的微小间隙产生强烈剪切，物料以 $300 \sim 500 m/s$（100MPa 可达 $500 \sim 1000 m/s$）的速度撞于冲击环上，在各种因素的作用下，把物料颗粒粉碎成极细微粒。

（三）高压乳匀机的应用

（1）液体溶液中悬浮颗粒的超微细破碎，形成超微细颗粒的液体混悬液，完成固液两相的均乳化，如中药微粒的超微破碎。

（2）在完成液体中混悬颗粒超微细破碎的同时，完成固体颗粒中有效成分的强制溶解和扩散，如中药微粒中有效成分的提取和溶出。

（3）使用高压乳匀机，进行水包油型乳剂、脂质体、有机相溶液与水相溶液等乳化制剂的制备，如含油和脂肪乳等乳剂或喷雾剂药品等的制备或生产、脂质体的制备等。

（4）用于生物工程中的细胞破碎或细菌破碎，可在常温状态下，对大肠埃希菌、酵母菌、动物细胞、植物细胞等进行破碎，提取或去除胞内油性物质如脂肪、蛋白质等，用于细胞壁纯化。

（四）高压乳匀机的特点

（1）细化作用更为强烈　这是因为工作阀的阀芯和阀座之间在初始位是紧密贴合的，只是在工作时被料液强制挤出了一条狭缝；而离心式乳化设备的转定子之间为满足高速旋转并且不产生过多的热量，必然有较大的间隙。同时，由于乳匀机的传动机构是容积式往复泵，所以从理论上说，均质压力可以无限地提高，而压力越高，细化效果就越好。

（2）乳匀机的细化作用主要是利用了物料间的相互作用，所以物料的发热量较小，因而能保持物料的性能基本不变。

（3）乳匀机耗能较大。

（4）乳匀机易损，维护工作量较大，特别在压力很高的情况下。

（5）乳匀机不适合于物料黏度很高的情况。

（五）高压乳匀机的操作方法

试机操作如下。

（1）检查传动皮带的松紧程度，即在两带中间位置压皮带，以手指能压下

10mm 左右为好。

（2）注意电动机转动方向须与所标记方向一致。

（3）传动箱内润滑油以超过油标中线位置为准。

（4）开机前，在保证切断电源的情况下，用手将皮带轮盘转几圈，应顺利，无卡咬或碰撞的感觉。

（5）检查调压手柄是否处于完全旋松状态，冷却水是否已经开启，在这些条件满足后，方可开启电源。

（6）电机启动后，在无负荷的情况下运转几分钟，观察声音是否正常，观察出料口出料充足并无明显的脉动情况下方可加压。

（7）关机。关机前先将调压手柄旋到放松状态，然后关主电机，最后关冷却水。

（8）试机后，将润滑油更换。

日常操作如下。

（1）开机准备　先打开柱塞冷却水和油冷却器冷却水进水阀，再打开进料阀，然后检查调压手柄（须在放松无压力的状态下），最后启动主电机。

（2）待出料口出料正常后，旋动调压手柄，先调节二级调压手柄，再调节一级调压手柄，缓慢将压力调至使用压力，整个过程视熟练程度操作 1~3min。

（3）关机　先将调压手柄卸压，再关主电机，最后关冷却水。

（六）高压乳匀机的操作注意事项

（1）调压时，当手感觉到已经受力时，须十分缓慢地加压。

（2）均质物料的温度以 65℃ 左右为宜，不宜超过 85℃。

（3）物料中的空气含量应在 2% 以下。

（4）严禁带载启动。

（5）工作中严禁断料。

（6）进口物料的粒度对软性物料在 70 目以上，对坚硬颗粒在 100 目以上。禁止粗硬杂质进入泵体。

（7）设备运转过程中，严禁断冷却水。

（8）均质阀组件为硬脆物质，装拆时不得敲击。

（9）停机前须用净水洗去工作腔内残液。

三、实验试剂与仪器

试剂：豆油、聚山梨酯-80、去离子水等。

仪器：高压乳匀机 NS1001L、组织捣碎机等。

四、实验内容

本实验 3～5 人一组。

高压乳匀机操作实验所用材料及用量见表 1。

表 1　高压乳匀机操作实验所用材料及用量

材料	用量
豆油	1000mL
聚山梨酯-80	500mL
去离子水	加至 10000mL

制法：取聚山梨酯-80，加适量去离子水搅匀，加入高压乳匀机中，再加入豆油及余下的去离子水以 8000～12000r/min 速度搅拌 2min。再将制得的乳剂置于高压乳匀机，在 500bar（1bar＝0.1MPa）压力下乳化，即得，同配方用组织捣碎机制备样品。取样，镜检，记录观察到的粒子形状及多数粒子的粒径，比较两种方法所得粒子的大小，并将结果记录于表 2。

五、实验结果与讨论

表 2　实验结果记录

项目	形状	粒径
高压乳匀机		
组织捣碎机		

思　考　题

1. 如何使用高压乳匀机处理黏度较大的物料?

2. 如何直观地判断乳化效果的好坏?

附　录

附录Ⅰ　实验报告格式

　　　　　　　　　大学　　实验报告　　　年　　月　　日

姓名_____专业_____班级_____同组者_____

课程_____实验项目_____

一、实验目的

二、实验原理

三、实验试剂与仪器

四、实验内容

五、实验结果与讨论

六、思考题解答

附录Ⅱ　玻璃仪器配套明细/组

工业药剂学实验配套玻璃仪器明细/组见附表1。

附表 1　工业药剂学实验配套玻璃仪器明细/组

名称	规格	数目	备注
研钵一套	$\phi100mm$ 或 $\phi90mm$	1	瓷研钵或玻璃研钵
滴定管	50mL 或 25mL	1	棕色
试管	10mL	2	
	25mL	2	
	50mL	1	
	25mL	6	刻度具塞试管
乳胶滴管		2	
试管架		1	
烧杯	1000mL	1	
	500mL	1	
	250mL	2	
	100mL	2	
玻璃棒		1	
容量瓶	50mL	1	
	25mL	3	
	10mL	6	
不锈钢盆	$\Phi25cm$	1	
锥形瓶	250mL	4	
不锈钢盘	$20cm \times 30cm$	1	
洗耳球		1	
洗瓶		1	
药勺		2	
移液管	25mL	1	
	5mL	1	
	2mL	1	
	1mL	1	
垂熔玻璃漏斗	G3	1	

参考文献

[1] 国家药典委员会 . 中华人民共和国药典四部〔S〕. 北京：中国医药科技出版社，2015.

[2] 方亮 . 药剂学 . 第 8 版 . 〔M〕. 北京：人民卫生出版社，2016.

[3] 周建平，唐星 . 工业药剂学〔M〕. 北京：人民卫生出版社，2018.

[4] Abdelbary A A，Li X，El-Nabarawi M，et al. Effect of fixed aqueous layer thickness of polymeric stabilizers on zeta potential and stability of aripiprazole nanosuspensions〔J〕. Pharmaceutical Development and Technology，2013，18 (3)：730-735.

[5] Hu Y T，Ting Y，Hu J Y，et al. Techniques and methods to study functional characteristics of emulsion systems〔J〕. Journal of Food and Drug Analysis，2017，25 (1)：16-26.

[6] Norn S，Kruse P R，Kruse E . On the history of injection〔J〕. Dan Medicinhist Arbog，2006，34：104-113.

[7] Freeman M K，White W，Iranikhah M. Tablet splitting：a review of weight and content uniformity〔J〕. The Consultant pharmacist：the journal of the American Society of Consultant Pharmacists. 2012，27：341-352.

[8] Chang S Y，Li J X，Sun C C . Tensile and shear methods for measuring strength of bilayer tablets〔J〕. International Journal of Pharmaceutics，2017，523 (1)：121-126.

[9] Fukunaka T，Yaegashi Y，Nunoko T，et al. Dissolution characteristics of cylindrical particles and tablets〔J〕. International Journal of Pharmaceutics，2006，310 (1-2)：146-153.

[10] Kiyoyama S，Shiomori K，Kawano Y，et al. Preparation of microcapsules and control of their morphology〔J〕. Journal of Microencapsulation，2003，20 (4)：12.

[11] Patil Y P，Jadhav S . Novel methods for liposome preparation〔J〕. Chemistry and Physics of Lipids，2014，177：8-18.

[12] Yan X，Scherphof G L，Kamps J A A M. Liposome Opsonization〔J〕. Journal of Liposome Research，2005，15 (1-2)：109-139.

[13] Xu X，Al-Ghabeish M，Krishnaiah Y S R，et al. Kinetics of Drug Release from Ointments：Role of Transient-Boundary Layer〔J〕. International Journal of Pharmaceutics，2015；S0378517315300958.

[14] Zhu T，Chen Z，Xia Q，et al. A suppository for treating cervical erosion and its preparation method. 〔J〕. Clinical & Experimental Obstetrics & Gynecology，2013，40 (3)：361-366.

[15] 郭良然，孙配男，潘卫三 . 流化床制粒特点及影响因素〔J〕. 中国药剂学杂志，2005，3 (6)：347-351.

[16] Rambali B，Baert L，Massart D L . Scaling up of the fluidized bed granulation process〔J〕. International Journal of Pharmaceutics (Kidlington)，2003，252 (1-2)：197-206.

［17］ 韩布兴. 超临界流体科学与技术 ［M］. 北京：化学工业出版社，2005.

［18］ Hutchenson K W，Scurto A M，Subramaniam B．［ACS Symposium Series］Gas-Expanded Liquids and Near-Critical Media Volume 1006（Green Chemistry and Engineering）‖ Gas-Expanded Liquids：Fundamentals and Applications ［J］. Acs Symposium，2009，10.1021/bk-2009-1006：3-37.

［19］ 于娜娜. 超临界流体萃取原理及应用 ［J］. 化工中间体，2011，（8）：38-42.

［20］ 欧阳建文. 超临界 CO_2 萃取刺葡萄籽油的研究 ［D］. 湖南：湖南农业大学，2006.

［21］ 孙其诚，厚美瑛，金峰，等. 颗粒物质物理与力学 ［M］. 科学出版社，2011.

［22］ Cleary，Paul W．A multiscale method for including fine particle effects in DEM models of grinding mills ［J］. Minerals Engineering，2015，84：88-99.

［23］ 彭政，厚美瑛，史庆藩，等. 颗粒介质的离散特性研究 ［J］. 物理学报，2007，52（6）：1195-1201.

［24］ 陆彬. 药物新剂型与新技术 ［M］. 北京：人民卫生出版社，2002.

［25］ 雒亚洲，鲁永强，王文磊，等. 高压均质机的原理及应用 ［J］. 中国乳品工业，2007，（10）：55-58.

［26］ Dumay E，Chevalier，Lucia D，et al．Technological aspects and potential applications of（ultra）high～pressure homogenisation ［J］. Trends in Food Science & Technology，2013，31（1）：13-26.

部分实验结果图

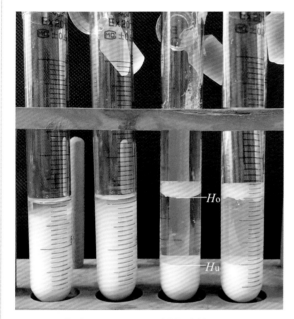

实验一彩图　混悬剂实验结果图

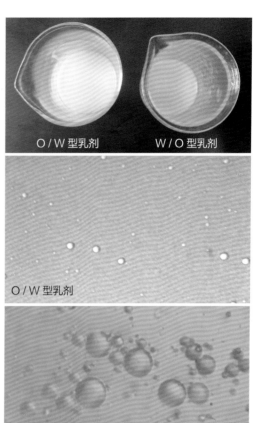

O / W 型乳剂　　　　W / O 型乳剂

O / W 型乳剂

W / O 型乳剂

实验二彩图　乳剂实验结果图

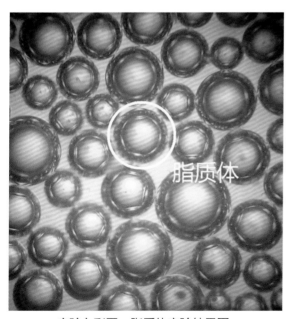

脂质体

实验七彩图　脂质体实验结果图

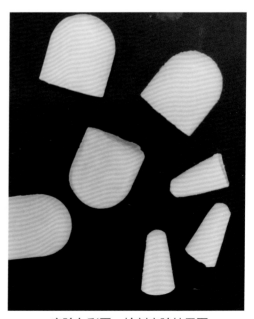

实验九彩图　栓剂实验结果图

部分实验设备图

实验四彩图　旋转式压片机局部设备图

实验十一彩图　超临界流体萃取设备图